中等职业教育电子类专业系列教材

电工电子技能实训

DIANGONG DIANZI JNENG SHIXUN

主　编　乐发明　吕盛成

副主编　胡荣华　马　力　邓亚丽

主　审　杨清德

参　编　杨　鸿　吴建川　龚万梅　王康朴　况建平　徐　波　李命勤

　　　　刘晓书　吴　炼　鲁世金　彭贞蓉　程时鹏　彭明道　牟能发

　　　　李红松　王　娟　向　林　刘洪波　丁汝铃　詹永安

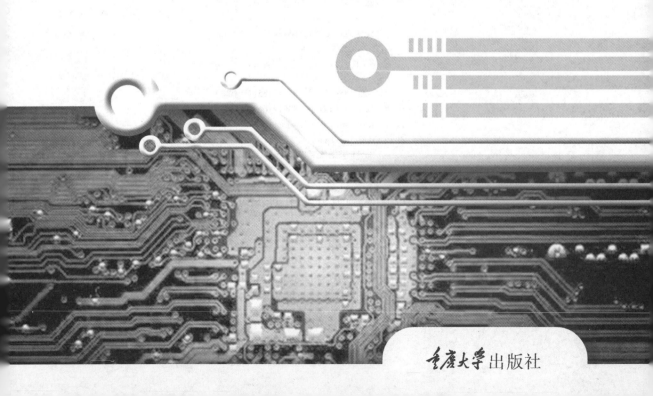

重庆大学出版社

内容提要

本书依据技能高考电子技术专业技能测试考试说明编写，包括职业素养与安全文明操作、常用工具的使用、常用仪器仪表的使用、常用元器件识别和检测、电子产品手工装配焊接、简易电子产品的组装调测等内容，并配有仿真模拟套题和考题详解。

本书重视基础，理论与技能有机融合，聚焦考点，有配套操作视频、答案解析，实战指导性强，也有配套的实训套件供读者选用。

本书可作为电子类对口高考班学生的技能教材，也适合中职一二年级就业班学生使用，还可作为社会人员技能培训、技能等级证书考试、专项能力评价技能考核和广大电子爱好者使用。

图书在版编目(CIP)数据

电工电子技能实训／乐发明，吕盛成主编. -- 重庆：
重庆大学出版社，2023.8
中等职业教育电子类专业系列教材
ISBN 978-7-5689-4056-6

Ⅰ.①电… Ⅱ.①乐… ②吕… Ⅲ.①电工技术—中
等专业学校—教材②电子技术—中等专业学校—教材
Ⅳ.①TM②TN

中国国家版本馆 CIP 数据核字(2023)第 140660 号

中等职业教育电子类专业系列教材

电工电子技能实训
主　编　乐发明　吕盛成
策划编辑　陈一柳
副主编　胡荣华　马　力　邓亚丽
责任编辑：陈一柳　　版式设计：黄俊棚
责任校对：关德强　　责任印制：赵　晟

*

重庆大学出版社出版发行
出版人：陈晓阳
社址：重庆市沙坪坝区大学城西路 21 号
邮编：401331
电话：(023) 88617190　88617185(中小学)
传真：(023) 88617186　88617166
网址：http://www.cqup.com.cn
邮箱：fxk@ cqup.com.cn (营销中心)
全国新华书店经销
重庆市国丰印务有限责任公司印刷

*

开本：787mm×1092mm　1/16　印张：19.75　字数：469 千
2023 年 8 月第 1 版　　2023 年 8 月第 1 次印刷
ISBN 978-7-5689-4056-6　定价：49.00 元

重庆市中职电类专业教材编写/修订委员会和成员单位名单

编委会主任：

周永平 重庆市教育科学研究院研究员、教研员

编委会副主任：

杨清德 重庆市垫江县职业教育中心研究员、重庆市教学专家
赵争召 重庆市渝北职业教育中心正高级讲师、重庆市教学专家

编委会委员：

蔡贤东	陈永红	陈天婕	程时鹏	代云香	邓亚丽	邓银伟	方承余
方志兵	樊迎	冯华英	范文敏	付玲	龚万梅	胡荣华	胡善淼
黄勇	金远平	柯昌静	况建平	鞠红	李杰	李玲	李命勤
李伟	李锡金	李登科	李国清	练富家	廖连荣	林红	刘晓书
卢娜	鲁世金	罗坤林	吕盛成	马力	倪元兵	聂广林	彭超
彭明道	彭贞蓉	蒲业	邱雪	冉小平	孙广杰	宋文超	石波然
谭家政	谭云峰	谭登杰	唐万春	唐国雄	王函	王康朴	王然
王永柱	王莉	韦采风	吴春燕	吴吉芳	吴建川	吴炼	吴围
吴雄	向娟	熊亚明	徐波	徐立志	杨芳	杨鸿	杨敏
杨卓荣	杨和融	杨波	姚声阳	易祖全	袁金刚	袁中炬	殷菌
张川	张秀坚	张燕	张尧	张波涛	张正健	张权	赵顺洪
郑艳	周键	周诗明					

成员单位（排名不分先后）：

重庆市教育科学研究院　　　　　　　重庆市渝北职业教育中心

重庆市垫江县职业教育中心　　　　　重庆市涪陵区职业教育中心

重庆市万州职业教育中心　　　　　　重庆工商学校

重庆永川区职业教育中心　　　　　　重庆市丰都县职业教育中心

重庆市石柱土家族自治县职业教育中心　重庆市垫江县第一职业中学校

重庆市九龙坡区职业教育中心　　　　重庆市农业机械化学校

重庆市育才职业教育中心　　　　　　重庆市江南职业学校

重庆巫山县职业教育中心　　　　　　重庆市经贸中等专业学校

重庆市云阳职业教育中心　　　　　　重庆市轻工业学校

重庆市梁平职业教育中心　　　　　　重庆市黔江区民族职业教育中心

重庆彭水县职业教育中心　　　　　　重庆武隆区职业教育中心

重庆市荣昌区职业教育中心　　　　　重庆綦江区职业教育中心

重庆市潼南恩威职业高级中学校　　　重庆市铜梁职业教育中心

重庆市龙门浩职业中学校　　　　　　重庆市开州区职业教育中心

重庆市奉节职业教育中心　　　　　　重庆市南川隆化职业中学校

重庆秀山县职业教育中心　　　　　　重庆市巫溪县职业教育中心

重庆市北碚职业教育中心　　　　　　重庆市万盛职业教育中心

重庆市城口县职业教育中心　　　　　重庆市大足职业教育中心

重庆市潼南职业教育中心　　　　　　重庆市渝中职业教育中心

重庆市忠县职业教育中心　　　　　　重庆梁平职业技术学校

重庆市巴南职业教育中心　　　　　　重庆市涪陵第一职业中学校

重庆市酉阳职业教育中心　　　　　　重庆立信职业教育中心

重庆璧山职业教育中心　　　　　　　重庆市万州高级技工学校

重庆市武隆火炉中学　　　　　　　　重庆市武隆平桥中学

重庆市綦江区三江中学　　　　　　　重庆机械高级技工学校

重庆公共交通职业学校

前 言

《中华人民共和国职业教育法》指出："职业教育是与普通教育具有同等重要地位的教育类型。"国家已将中等职业教育的定位从单纯"以就业为导向"转变为"就业与升学并重"，并决定进一步扩大职业本科教育，"职教高考"将成为中职生有机会和普高生一样考本科、读研究生的招考形式。为了进一步抓好符合职业教育类型特点的"专业技能"考试，重庆市梁平区职业教育中心联合重庆市教学专家杨清德工作室、重庆市垫江县职业教育中心、重庆市丰都县职业教育中心、重庆市石柱土家族自治县职业教育中心、重庆市南川隆化职业中学、重庆市荣昌区职业教育中心、重庆市九龙坡职业教育中心等单位，组织市内优质学校骨干教师编写了《电工电子技能实训》。本书以任务为驱动，以全真模拟题为案例，站在考生的视角来编写，将理论知识与技能操作有机融合，在对全真模拟题的解析中拓展对电路原理进行分析。项目七提供15套模拟高考题，并配有答案解析和演示视频，使广大考生可以全面、系统、快速、高效地备考。

本书具有如下特点：

1. 基础为本，扣考点。本书依据重庆市高等职业教育分类考试电子技术类专业技能测试考试说明而编写，以考生为本，能力为上，聚焦考点，紧扣必考点与常考点。

2. 理实一体，促动手。基础理论和基本技能是学好电子专业的基础，本书将理论与技能有机结合，以实训为主体，任务驱动，深入浅出地点拨知识点、启发技能点，让学生在"学中做，做中学"，增强学生学习的趣味性，从而提高学习效果。

3. 多元呈现，版式美。根据中职学生的身心特点，采取多种方式对内容进行阐述，本书大量运用图片、表格和微视频，多角度进行讲解，尽量做到图、文、表相结合，充实教材内容，带学促学的作用得到充分发挥。

4. 强化技能，练本领。本书采用"项目—任务"体例编写，重点突出技能，项目六以6套全真模拟技能高考题进行讲解，让每位同学熟悉考试的各环节，掌握操作方法，项目七给出15套件经典模拟试题，以加强训练，达到人人过关。

5. 难易分层，有收获。站在学生的角度编写本书，灵活处理教学内容，操作步骤翔实，配有操作演示视频，实现零基础教学。在答案解析中又加入详细的原理分析，实现难易分层，让每位学生都有不同程度的收获。

6. 职业素养，保安全。本书项目一重点讲解职业素养与安全文明生产的基础知识，融入企业精神，质量意识，职业道德，团队合作，奉献精神等企业文化，同时强调实训操作中的安全意识,以提升职业素养。

7.综合应用,涵盖广。本书从常用工具和仪器的识别与使用到电子元器件的识别和检测再到电子产品的组装、调试与检测,还配有考题详解和大量的练习试题,不仅适合电子技术类对口高考班学生使用,也适合就业班、社会技能培训、技能等级证书考试和广大电子爱好者使用。

本书教学学时为76学时,其分配见下表。

项目	内容	建议学时	机动
项目一	职业素养与安全文明操作	4	
项目二	常用工具的使用	6	2
项目三	常用仪器仪表的使用	10	2
项目四	常用元器件的识别与检测	12	1
项目五	电子产品手工装配焊接	6	
项目六	简易电子产品的组装调测	18	4
项目七	技能考试模拟试题	9	2
合计		65	11

本书配套实训套件可以在淘宝店铺名"东东电子套件"购买。

本书由乐发明、吕盛成担任主编,由胡荣华、牟能发、马力、邓亚丽担任副主编,由杨清德研究员担任主审。其中,项目一由乐发明、牟能发编写,项目二由吴建川、龚万梅、刘洪波编写,项目三由王康朴、况建平、王娟编写,项目四由徐波、李命勤、李红松编写,项目五邓亚丽、刘晓书、程时鹏编写,项目六由吕盛成、马力、吴炼、鲁世金、彭贞蓉编写,项目七由杨鸿、彭明道、胡荣华、马力、丁汝铃、向林、詹永安编写。

本书如阶梯,可助你步步向上;本书如山峰,可助你登顶览远方;本书如承载梦想的风帆,可助你在知识海洋畅游。

由于编者水平所限,书中可能存在某些缺点和错误,恳请读者批评指正,意见反馈邮箱370169719@qq.com,以利于我们改进和提高。

编　者
2023 年 1 月

Contents 目录

项目一

职业素养与安全文明操作

【项目导读】

企业要生存,必须依赖"安全"的拐杖。企业职工要做到安全生产、文明生产,其根本需要培养的是职业素养,尤其是职业道德、职业行为、职业作风和职业意识。在职教高考电子专业技能测试考试中,"职业素养与安全文明操作"的分值占比为10%,其总的要求是具备良好的职业素养,能安全文明地规范操作,具体要求包括:做好操作前准备,正确着装;举止文明,遵守纪律,爱惜设备和器材;操作规程符合安全用电规范;使用仪器设备符合相关操作规程;任务完成后整理工作台面,将工具、物料、器件摆放规范。

任务一　职业素养养成

【任务目标】

1.了解职业、职业生涯、职业素养和职业道德的含义。

2.能坚持参加社会实践,在实践中体验、训练和强化职业道德行为及习惯,养成良好的职业素养。

3.能够将一般工作岗位的职业要求内化为自身价值取向并不断自我提升。

【任务实施】

一、认识职业

职业是个人参与社会分工,利用专门的知识和技能,为社会创造物质财富和精神财富,获取合理报酬,作为物质生活来源,并满足精神需求的工作。

2021 年 3 月 18 日,人社部发布了第四批新职业。

根据中国职业规划师协会定义,职业包含十个方向(生产、加工、制造、服务、娱乐、政治、科研、教育、农业、管理);其细化分类有 90 多个,常见职业如工人、农民、个体商人、公共服务人员、知识分子、管理人员、军人等。

第一产业:粮农、菜农、棉农、果农、瓜农、猪农、豆农、茶农、牧民、渔民、猎人等。

第二产业:瓦工、装配工、注塑工、折弯工、压铆工、投料工、物流运输工、普通操作工、喷涂工、力工、搬运工、缝纫工、司机、木工、电工、修理工、普工机员、屠宰工、清洁工、杂工等。

第三产业:公共服务业(大型或公办教育业、政治文化业、大型或公办医疗业、大型或公办行政业、管理业、军人、民族宗教、公办金融业、公办咨询收费业、公办事务所、大型粮棉油集中购销业、科研教育培训业、公共客运业、通信邮政业、通信客服业、影视事务所、声优动漫事务所、人力资源事务所、发行出版业、公办旅游文化业、文员白领、家政服务业)、个体商人(服务)业(坐商)(盲人中医按摩业、个体药店、个体外卖、个体网吧、售卖商业、流动商贩、个体餐饮业、旅游住宿业、影视娱乐业、维修理发美容服务性行业、个体加工业、个体文印部、个体洗浴业、回收租赁业、流动副业等);综合服务业(房地产开发业、宇宙开发业)等。

二、认识职业生涯与规划

职业生涯是指个体职业发展的历程,一般是指一个人终生经历的所有职业发展的整个历程。职业生涯是贯穿一生职业历程的漫长过程。科学地将职业生涯划分为不同的阶段,明确每个阶段的特征和任务,做好规划,对更好地从事自己的职业,实现确立的人生目标,非常重要。

职业生涯规划是指个人发展与组织发展相结合,对决定一个人职业生涯的主客观因素进行分析、总结和测定,确定一个人的事业奋斗目标,选择实现这一事业目标的职业,编制相应的工作、教育和培训的行动计划,对每一步骤的时间、顺序和方向做出合理的安排。

职业生涯规划的期限,划分为短期规划、中期规划和长期规划。职业生涯规划四部曲如图 1-1 所示。

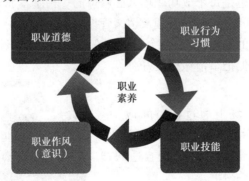

图 1-1 职业生涯规划四部曲

- 短期规划:一般为五年以内的规划,主要是确定当下的职业目标,规划完成的任务。
- 中期规划:一般为五至十年,规划三至五年内的目标与任务。
- 长期规划:规划时间是十至二十年以上,主要设定较长远的目标。

三、认识职业素养的重要性

职业化就是一种工作状态的标准化、规范化、制度化。职业素养是指职业内在的规范和要求,是在职业过程中表现出来的综合品质,包含职业道德、职业作风(意识)、职业行为习惯和职业技能 4 个方面,如图 1-2 所示。

图 1-2 职业素养的构成

职业道德、职业作风(意识)、职业行为习惯是职业素养中最根本的部分,属于世界观、价值观、人生观范畴的产物。它在人从出生到退休或至死亡过程中逐步形成,逐渐完善。而职业技能是支撑职业人生的表象内容。

职业技能是通过学习、培训等方式获得的。例如,计算机技术、英语等属职业技能范畴的技能,可以通过三年左右的时间让我们掌握入门技术,并在实践运用中继续学习从而日渐成熟成专家。

很多企业界人士认为,职业素养至少包含两个重要因素:敬业精神及合作的态度。敬业精神就是在工作中将自己当作公司的一部分,不管做什么工作一定要做到最好,对于一些细小的错误一定要及时地更正。敬业不仅仅是吃苦耐劳,更重要的是"用心"去做好公司分配给的每一份工作。态度是职业素养的核心,好的态度如负责的、积极的、自信的、建设性的、欣赏的、乐于助人的态度等是决定成败的关键因素。

四、理解职业素养的核心内容

1.职业信念

职业信念是职业素养的核心。良好的职业素养应包含良好的职业道德、正面积极的职业心态和正确的职业价值观意识等职业信念,这些都是一个成功职业人必须具备的核心素养。良好的职业信念应该是由爱岗、敬业、忠诚、奉献、正面、乐观、用心、开放、合作及始终如一等这些关键词组成。

2.职业知识和技能

职业知识技能是做好一个职业应该具备的专业知识和能力。俗话说"三百六十行,行行出状元",没有过硬的专业知识,没有精湛的职业技能,就无法把一件事情做好,更不可能成为"状元"了。

所以,要把一件事情做好就必须坚持不断的关注行业的发展动态及未来的趋势走向;就要有良好的沟通协调能力,懂得上传下达,左右协调,从而做到事半功倍;就要有高效的执行力。研究发现:一个企业的成功30%靠战略,60%靠企业各层的执行力,只有10%的其他因素。中国人在世界上都是出了名的"聪明而有智慧",中国人不缺少战略家,缺少的是执行者! 执行能力也是每个成功职场人必修炼的一种基本职业技能。还有很多需要修炼的基本技能,如职场礼仪、时间管理及情绪管控等,这里不一一罗列。

各个职业有各职业的知识技能,各个行业还有各个行业知识技能。总之学习提升职业知识技能是为了让我们把事情做得更好。

3.职业行为习惯

职业素养就是在职场上通过长时间地"学习—改变—形成"而最后变成习惯的一种职场综合素质,在合适的时间、合适的地点,用合适的方式,说合适的话,做合适的事。

信念可以调整,技能可以提升。要让正确的信念、良好的技能发挥作用就需要不断的练习、练习、再练习,直到成为习惯。图1-3为电烙铁手工焊接行为习惯养成的示例,图中操作者右手握

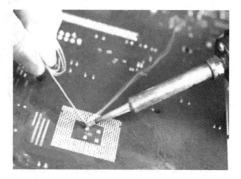

图1-3　职业行为习惯养成示例

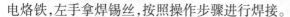

电烙铁,左手拿焊锡丝,按照操作步骤进行焊接。

职业素养要求养成四个良好的工作习惯:主动问好(见到客人或同事都主动问好),随手清理(工作后桌子整理干净,椅子放回原位;用过的工具、用具及时放回原位;地上有垃圾随手清理),勤于记录(客人讲到价值信息、上级开会布置工作、自己发现价值信息、产生工作灵感时及时用笔记录下来;养成记工作笔记、总结或记日记的习惯),时时自检(工作结果完成后多次检查,保证将失误降到最低;晚上睡觉前检视自己一天的言行是否给他人带来困扰,有无可改进之处)。

五、理解中职学生职业素养的内涵

1.职业意识与态度养成——"我是一名光荣的劳动者"

职业技能是每一所职业学校课程中必不可少的学习环节与项目。根据近几年对中职毕业生的"就业稳定率"及"离职原因"调查统计,近50%的毕业生因为"工作太辛苦"而选择跳槽或放弃。因此,加强中职学生"我是一名光荣的劳动者"职业意识与态度养成至关重要。

职业态度已经成为越来越多用人单位招聘人才的重要标准,中职学校通过系列教育活动,帮助学生树立正确的职业意识与态度,明确自己未来的职业定位,做好自己的职业生涯规划,自觉能动地将"我喜欢干什么""我愿意干什么"变为"社会及行业需要我干什么"。这对学生将来走上工作岗位,做好本职工作,最终实现人生价值都会起到积极的作用。职业精神在职业意识与态度方面的主要表现就是尊重劳动。

2.职业责任养成——"责任心,是职业人的第一个标签"

职业责任是指人们在一定职业活动中所承担的特定的职责,它包括人们应该做的工作和应该承担的义务。作为中职学校的教育工作者,职业责任培养主要是指在学生心中建立起一种对个人、对他人、对社会负责任的信念。职业责任养成关键在于培养学生认识职业、认识职业的意义,确保学生所做的任何一项职业选择都是经过自己负责任的"认识与思考"后所得出的结果。

一般来说,责任感、专业技能、纪律观念是现代劳动者应具备的重要素质。其中责任感对专业技能的形成及能力的发挥及对纪律的遵从,都产生重要的制约作用。一项对600余家企业进行的调查结果显示:绝大部分企事业单位对青年就业人员的最大希望和要求是工作责任心强。一名责任感薄弱的中职生不仅难以发挥其应有的社会劳动能力,而且会因为责任感弱而降低劳动质量,损害劳动效率与效益。相反,一名责任感强的中职生会自觉遵从各项纪律规定,其专业技能也会因责任感的驱使,在社会劳动实践中不断得到提高,从而促进素质不断优化。

3.职业纪律养成——"学会服从命令,是职业人的好习惯"

职业纪律是在特定的职业活动范围内从事某种职业的人们必须共同遵守的行为准则。它包括劳动纪律、组织纪律、财经纪律、群众纪律、保密纪律、宣传纪律、外事纪律等基本纪律要求以及各行各业的特殊纪律要求。职业纪律的特点是具有明确的规定性和一定的强制性。

中职学生作为"准职业人"，若不能适应所到企业的规章制度，则会在工作中出现一系列不适应的情况，甚至会被企业"开除"。因此，在对学生进行职业纪律的培养时，可以通过"纪律和自由互相依存的关系"来让学生明白要自觉地遵守与职业活动相关的各项法律法规，从而保障职业的健康成长与发展。

良好的服从精神，是每个员工必备的素质之一，也是单位立于不败之地必须解决的第一要务。应培养学生"学会服从"，坚决执行的工作态度，对于集体定下来的事情，都要在第一时间雷厉风行地执行到位，且无论做什么工作和事情，都要竭尽全力、尽职尽责地做好。

六、了解职业素养的培养及目标架构

职业素养培养主要包括空杯心态、系统学习、学会学习三步。

空杯心态：昨天归零新的起点。

系统学习：职业生涯规划明确目标。

学会学习：不断充电创造机会。

职业素养学习的目标架构如图 1-4 所示。

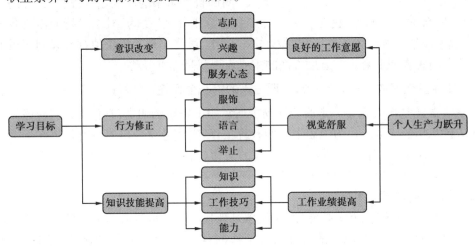

图 1-4　职业素养学习的目标构架

七、了解社会主义职业道德

职业道德是人们在一定职业活动范围内应当遵守的，与其特定职业活动相适应的行为规范的总和。职业道德是社会道德体系的重要组成部分，它一方面具有社会道德的一般作用，另一方面它又具有自身的特殊作用，具体表现 4 个方面：调节职业交往中从业人员内部以及从业人员与服务对象间的关系；有助于维护和提高本行业的信誉；促进本行业的发展；有助于提高全社会的道德水平。

职业道德是事业成功的保证。没有职业道德的人干不好任何工作，每一个成功的人往往都有较高的职业道德。

社会主义职业道德的基本规范是：在岗爱岗、敬业乐业、诚实守信、平等竞争；办事公道、廉洁自律、顾全大局、团结协作；注重效益、奉献社会。

①体现从业人员人生价值的前提（或为他人服务、为企业和社会作贡献的基本要求）是：勤奋工作、尽职尽责。

②人生价值与职业使命紧密相连，实现人生价值的途径是：勤奋。

③诚实守信：就是言行一致、遵守诺言。

④平等竞争：是指参与市场活动的人无论其社会地位如何，在市场面前一律平等。

⑤诚实：是做人之本，是我们在社会上得以立足之本，是人与人之间正常交往的基础，是职业生活正常有序的前提条件。

⑥以诚待人的行为要求：a.努力做到言行一致，表里如一；b.做老实人，说老实话、办老实事；c.先让人一步，不怕先吃亏。

⑦信誉：是个人立业的基础，是企业的生命。

⑧以信立业的行为要求：a.言必信、行必果；b.克服各种困难，达成诺言；c.敢于承担诺言的责任。

⑨以质取胜：市场经济的道德法则，是企业发展的根本，是促进"两个文明"建设的重要手段，是个人发展的根本途径。

⑩以质取胜的行为要求：a.树立服务意识，提高服务质量，以优异的服务参与市场竞争；b.端正服务态度，赢得良好声誉；c.不生产和销售假冒伪劣商品、不牟取不正当的利益；d.提倡高水平竞争，避免内耗。

⑪办事公道、廉洁自律：是指从业人员在行使职业职权时要公平公正、公私分明、约束好自己的行为。

⑫秉公办事、不徇私情：a.有助于市场的良性运作；b.有助于公众利益；c.可以防止从业人员从"徇私情"滑向"谋私利"的深渊。

⑬秉公办事、不徇私情的行为要求：a.严格按章办事；b.以企业整体利益为重，必要时做出一定的个人牺牲；c.提高抵制人情干扰的能力。

⑭克己奉公：克制自己的私欲，约束自己，一心为公。

⑮不谋私利：不以职权谋私利。

⑯以职权谋私利的后果：会损害他人和企业利益，会败坏社会风气。

⑰克己奉公，不谋私利的行为要求：a.廉洁自律，抵制私欲的诱惑；b.作风严谨，珍惜手中权力；c.自觉接受监督。

⑱维护公众利益，抵制行业歪风：是维护社会整体利益的要求，是建设社会主义精神文明要求。

⑲维护公众利益，抵制行业歪风的行为要求：a.树立全心全意为人民服务的信念；b.实行社会服务承诺制度。

⑳顾全大局：在处理局部利益与整体利益时，要以整体利益为重。

㉑团结协作：从业人员之间以及单位之间，在共同利益和共同目标下的相互支持、相

互帮助的活动。

㉒全局观念的核心:小道理服从大道理,个人利益服从整体利益。

㉓树立全局观念:是为了保证企业整体利益的获得,是社会发展的保证,是实现个人利益的保证。

㉔树立全局观念,服从统一安排的行为要求:a.克服个人狭隘、片面的利益观,维护集体利益;b.在特定的情况下,要忍辱负重;c.坚定不移地执行领导的指令;d.不要片面追求局部利益的最大化。

㉕增强团体意识、搞好配合协作:a.只有协作,才能使一个人的职业成就显示出来;b.只有发挥群体优势,才能取得竞争的胜利。

㉖增强团队意识、搞好配合协作的行为要求:a.要树立协作意识、主动搞好配合;b.树立绿叶意识和配角意识,甘当绿叶,善当配角。

㉗尊重他人劳动、主动关心同事:a.同事之间的关系往往胜过亲情关系;b.每个劳动者的职业人格都是平等的;c.尊重同事就是尊重自己。

㉘尊重他人、主动关心同事的行为要求:a.建立和谐的人际关系;b.主动关心能力较差的同事,在别人工作最困难时,主动伸出援助之手。

㉙注重效益:在生产经营活动中劳动者要合理地利用劳动时间,以较少的消耗取得较大的经济效果。

㉚奉献社会:从业人员要先公后私、公而忘私、大公无私,把自己的全部聪明才智用于为他人、为企业、为社会的服务之中。

㉛追求工作效率、合理取得利益:a.在职业岗位上必须创造高效率;b.效率越高、效益越大,个人与企业的收益也就越大。

㉜追求工作效率、合理取得利益的行为要求:a.讲效率、求实效;b.合理地取得个人报酬和企业利润;c.让小利而求大义。

【任务练习】

以下是关于职业素养的训练题,请以小组为单位有针对性地进行训练。

1.像老板一样专注

作为一个一流的员工,不要只是停留在"为了工作而工作、为了赚钱而工作"等层面上。而应该站在老板的立场上,用老板的标准来要求自己,像老板那样去专注工作,以实现自己的职场梦想与远大抱负!

以老板的心态对待工作。

不做雇员,要做就做企业的主人。

第一时间维护企业的形象。

2.学会迅速适应环境

在就业形势越来越严峻、竞争越来越激烈的当今社会,不能够迅速去适应环境已经成了个人素质中的一块短板,这也是无法顺利工作的一种表现。相反,善于适应环境却是一

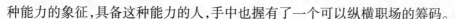

种能力的象征,具备这种能力的人,手中也握有了一个可以纵横职场的筹码。

不适应者将被淘汰出局。

善于适应是一种能力。

适应有时不啻于一场严峻的考验。

做职场中的"变色龙"。

3.化工作压力为动力

压力,是工作中的一种常态,对待压力,不可回避,要以积极的态度去疏导、去化解,并将压力转化为自己前进的动力。人们最出色的工作往往是在高压的情况下做出的,思想上的压力,甚至肉体上的痛苦都可能成为取得巨大成就的兴奋剂。

别让压力毁了你。

积极起来,还有什么压力不能化解。

生机活力 PK 压力。

4.表现自己

在职场中,默默无闻是一种缺乏竞争力的表现,而那些善于表现自己的员工,却能够获得更多的自我展示机会。那些善于表现自己的员工是最具竞争力的员工,他们往往能够迅速脱颖而出。

善于表现的人才有竞争力。

把握一切能够表现自己的机会。

善于表现而非刻意表现。

5.低调做人,高调做事

工作中,学会低调做人,你将一次比一次稳健;善于高调做事,你将一次比一次优秀。在"低调做人"中修炼自己,在"高调做事"中展示自己,这种恰到好处的低调与高调,可以说是一种进可攻、退可守,看似平淡,实则高深的处世谋略。

低调做人,赢得好人缘。

做事要适当高调。

将军必起于卒任。

6.设立工作目标,按计划执行

在工作中,首先应该明确地了解自己想要什么,然后再去致力追求。一个人如果没有明确的目标,就像船没有罗盘一样。每一份富有成效的工作,都需要明确的目标去指引。缺乏明确目标的人,其工作必将庸庸碌碌。坚定而明确的目标是专注工作的一个重要原则。

目标是一道分水岭。

工作前先把目标设定好。

确立有效的工作目标。

目标多了等于没有目标。

7.做一个时间管理高手

时间对每一个职场人士都是公平的,每个人都拥有相同的时间,但是在同样的时间内,有人表现平平,有人则取得了卓著的工作业绩,造成这种反差的根源在于每个人在时间的管理与使用效率上是存在着巨大差别的。因此,要想在职场中具备不凡的竞争能力,应该先将自己培养成一个时间管理高手。

谁善于管理时间,谁就能赢。

学会统筹安排。

把你的手表调快10分钟。

8.自动自发,主动就是提高效率

自动自发的员工善于随时准备去把握机会,他们永远保持率先主动的精神,并展现超乎他人要求的工作表现,他们头脑中时刻灌输着"主动就是效率,主动、主动、再主动"的工作理念,同时他们也拥有"为了完成任务,能够打破一切常规"的魄力与判断力。显然,这类员工才能在职场中笑到最后。

不要只做老板交代的事。

工作中没有"分外事"。

不是"要我做",而是"我要做"。

想做"毛遂"就得自荐。

9.服从第一

服从上级的指令是员工的天职,"无条件服从"是沃尔玛集团要求每一位员工都必须奉行的行为准则,强化员工对上司指派的任务都必须无条件地服从,在企业组织中,没有服从就没有一切,所谓的创造性、主观能动性等都在服从的基础上才能够产生。否则公司再好的构想也无从得以推广。那些懂得无条件服从的员工,才能得到企业的认可与重用。

像士兵那样去服从。

不可擅自歪曲更改上级的决定。

多从上级的角度去考虑问题。

10.勇于承担责任

德国大众汽车公司认为:"没有人能够想当然地'保有'一份好工作,而要靠自己的责任感去争取一份好工作!"德国的企业首先强调的是责任,他们认为没有比员工的责任心所产生的力量更能使企业具有竞争力的了。显然,那些具有强烈责任感的员工才能在职场中具备更强的竞争力!

工作就是一种责任。

企业青睐具备强烈责任心的员工。

任务二 安全文明生产操作

【任务目标】

1.了解安全生产与文明生产常识,充分认识安全生产和文明生产的重要性。
2.理解安全生产与产品质量的关系,理解企业推广6S管理的意义。
3.树立安全用电意识,培养良好的职业素质。

【任务实施】

一、了解电子产品的生产过程

1.设计阶段

设计阶段应该先从市场调研开始,了解市场信息,分析用户心理,掌握用户对产品的质量要求。在调查的基础上制订产品的设计方案,并对方案进行可行性论证,找出技术关键点和难点。同时,要有技术关键点和难点等方面的解决预定方案。然后对原理方案进行实验,在实验的基础上进行样机设计。

2.试制阶段

试制阶段应包括样机试制、产品定型设计和小批量试制三个内容。根据设计阶段的技术资料进行样机的试制,实现产品预期的性能指标,验证产品的工艺设计,制定产品的生产工艺,进行小批量生产,同时完善全套生产工艺资料。

3.批量生产

开发产品总希望达到批量生产的目的。生产制造批量越大,产品的成本就越低,企业才能提高经济效益。在批量生产过程中,应根据全套资料进行生产组织工作,包括原材料的供应,零部件的外协加工,工具设备的准备,生产场地的布置,组织装配、焊接、调试生产流水线,进行各类技术人员和操作工的培训,设置各工序工种的质量检验,制定包装运输的规则及试验,开展产品宣传广告和销售工作,组织产品的售后服务与维修等一系列工作。

二、了解电子产品的质量

电子产品的质量包括两个方面:产品质量和工作质量。

1.产品质量

电子产品的质量是指产品的功能和可靠性两个方面。

●功能:指产品的技术,包括性能指标、操作功能、结构功能、外观和经济指标。

性能指标——产品实际能够完成的物理性能或化学功能,以及相应的电气参数。

操作功能——产品在操作时是否方便,使用时是否安全。

结构功能——产品整体结构是否轻巧,维修、互换是否方便。

外观——产品的造型、色泽和包装。

经济指标——产品的工作效率、制作成本、使用费用及原材料消耗等。

●可靠性:指与时间有关的技术指标。它是对电子系统、整机和元器件长期可靠、有效工作能力的总的评价。可靠性又可分为固有可靠性、使用可靠性和环境适应性3个方面的内容。

固有可靠性——产品在使用之前,由确定设计方案、选择元器件及材料、制作工艺过程所决定的可靠性因素,是"先天"决定的。

使用可靠性——操作、使用、维护、保养等因素对其寿命的影响。产品在使用中会逐渐老化,寿命会逐渐减少。

环境适用性——电子产品对各种温度、湿度、振动、灰尘和酸碱等环境因素的适应能力。

2.工作质量

电子产品的工作质量是指在设计和使用过程中,受到设计者和生产者的水平、元器件的选取、生产时使用的工具及仪器、工艺加工条件和环境5个方面因素的影响。工作质量对产品的影响,表现在生产成本、生产量与交货期,市场营销与售后服务,企业内部工艺技术能力的组织与形成,设备精度的维护能力,企业运行计划、发展与管理等方面。显然,工作质量是整个质量的一部分,它是产品质量的保证。

三、了解安全生产

在电子产品装调过程中,安全是所有工作的前提,也是所有工作的基础。安全生产是进行生产劳动的基础,一切的生产应当以安全为前提条件。在生产活动中,主要需要做好以下三个方面的工作。

①生产前的准备。生产前要做好各种准备,包括工具、设备的准备,安全预防的准备等。

②生产过程中的安全操作。电子产品装调过程中,特别要注意安全用电,插头、插座要连接良好。对有静电要求的电子产品,操作人员应戴防静电手环,如图1-5所示。

③生产活动结束后,要充分检查生产设备、电源、水、电、气等是否已经完全关闭。打扫卫生,关好门窗,这样才能完全结束生产活动。

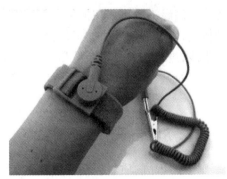

图1-5 操作人员戴防静电手环

四、了解电子产品安全生产的主要内容

①操作带电设备时,切勿触及非安全电压的导电部分。在非安全电压条件下作业时,应尽可能用单手操作,双脚踏在绝缘物上。

②生产现场使用的电气设备、电动工具和焊接工具都应可靠接地。在拆除电气设备后不应留有带电导线。

③在仪器的调试或电路实验中,往往需要使用多种仪器组成所需电路。若不了解各种设备的电路接线情况,有可能将220 V电源线引入表面上认为安全的地方,造成触电的危险。

④生产操作中剪下的导线头和金属以及其他剩余物应妥善处理,不能乱放乱甩,更不能遗留在整机内。

⑤电源必须有过压或过流保护。

⑥工作场地消防设施齐全。

五、熟悉电子产品生产的安全用电

对于电子产品装配工来说,经常遇到的是用电安全问题。安全用电包括供电系统安全、用电设备安全及人身安全三个方面,它们是密切相关的。为做到安全用电,应注意以下几点。

1.接通电源前的检查

①电源线不合格最容易造成触电。因此,在接通电源前,一定要认真检查,做到"四查而后插",即一查电源线有无损坏;二查插头有无外露金属或内部松动;三查电源线插头的两极间有无短路,同外壳有无通路;四查设备所需电压值与供电电压是否相符。

②检查方法是采用万用表进行测量。两芯插头的两个电极及其之间的电阻均应为无穷大。三芯插头的外壳只能与接地极相接,其余均不通。

2.装焊操作安全规则

①不要惊吓正在操作的人员,不要在实训室争吵打闹。烙铁头在没有确认脱离电源时,不能用手摸。

②电烙铁应远离易燃品。

③拆焊有弹性的元器件时,不要离焊点太近,并使可能弹出焊锡的方向向外。

④插拔电烙铁等电器的电源插头时,要手拿插头,不要抓电源线。用螺丝刀拧紧螺钉时,另一只手不要握在螺丝刀刀口方向上。用剪线钳剪断短小导线时,要让导线飞出方向朝着工作台或空地,决不可朝向人或设备。

⑤工作台上的各种工具、设备、仪表要摆放合理、整齐、有序,不要乱摆、乱放,以免发生事故。

3.检修、调试电子产品的安全

①要了解工作对象的电气原理,特别注意它的电源系统。不得随便改动仪器设备的

电源接线。

②不得随意触碰电气设备,触及电路中的任何金属部分之前都应进行安全测试。

③未经专业训练的人不许带电操作。

④注意其他伤害的防护。

六、了解电子产品生产过程中的伤害防护

1.烫伤的预防

烫伤在电子装配操作中出现得较为频繁,尤其是初学者。这种烫伤一般不会造成严重后果,但会给操作者带来痛苦和伤害,所以要注意下面几点操作规范。

①工作中应将电烙铁放置在烙铁架上,并将烙铁架置于工作台右前方。

②观察电烙铁的温度,应用电烙铁熔化松香。千万不要用手触摸电烙铁头。

③在焊接工作中要防止被加热熔化的松香及焊锡溅落到皮肤上。

④通电调试、维修电子产品时,要注意电路中发热电子元器件(散热片、功率器件、功耗电阻)可能造成的烫伤。

⑤电烙铁停止使用后应立即拔下电源插头,等冷却后方可收入抽屉或工具箱。

2.机械损伤的预防

机械损伤在电子装配操作中较为少见。但是如果违反安全操作规程仍会造成严重的伤害事故,所以要注意下面几点操作规范。

①在钻床上给印制板钻孔时,不可以披长发或戴手套操作。

②使用螺丝刀紧固螺钉时,应正确使用该类型工具,以免打滑伤及自己的手。

③剪断印制板上元器件引脚时,应正确使用剪切工具,以免被剪断的引脚飞射并伤及眼睛。

七、理解文明生产

广义的文明生产是指企业要根据现代化大生产的客观规律来组织生产。狭义的文明生产是指在生产现场管理中,要按现代工业生产的客观要求,为生产现场保持良好的生产环境和生产秩序。

文明生产的目的就在于为班组成员们营造一个良好而愉快的组织环境和一个合适而整洁的生产环境。

文明生产要求要创造一个保证质量的内部条件和外部条件。内部条件主要指生产要有节奏,要均衡生产,安排要科学合理,要适应于保证质量的需要;外部条件主要指环境、光线等有助于保证质量。生产环境的整洁卫生,包括生产场地和环境要卫生整洁,光线照明适度,零件、半成品、工夹量具放置整齐,设备仪器保持良好状态等。没有基本的文明生产条件,质量管理就无法进行。

文明生产规范人的行为和物的状态,使生产各个环节在正确的轨道上运行。文明生产所形成的优越劳动环境,能从心理上让生产者产生愉悦性。思想负担减轻,生产者能够

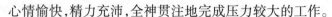

心情愉快,精力充沛,全神贯注地完成压力较大的工作。

文明生产使生产组织各个过程合理、优化,使产品过程最短,时间最少,耗费最少,从而实现最高效益。

八、了解电子产品文明生产的主要内容

①严格执行各项规章制度,认真贯彻工艺操作规程。

②工作室内无灰尘,无有害及腐蚀性气体。

③个人服饰应符合要求,个人讲究卫生。

④工艺操作标准化,班组生产有秩序。

⑤工位器具齐全,物品堆放整齐。

⑥保证工具、量具、仪表、设备的整洁,摆放有序。文明操作,不乱动工具、量具、仪表、设备。

⑦工作场地整洁,生产环境协调。

⑧服务好下一班、下一工序。

九、了解影响电子产品质量的因素

质量是产品的基础,但安全是保证质量的关键因素。在电子产品生产及维修过程中,人的因素是客观存在的,若生产人员缺乏应有的责任意识,专业素质与岗位技能有所不足,在生产操作不够熟练的情况下,就极易对电子产品生产质量产生影响,严重的甚至会影响整体工作效率。在操作过程中,影响电子产品质量的主要因素有以下几点。

①电烙铁及有关工具的选择和运用的正确性。

②导线加工、元器件检测、元器件成形等操作的正确性。

③焊料、焊剂选配的正确性。

④浸锡、搪锡工艺的正确性。

⑤焊接时间、焊接湿度、焊接操作的正确性。

⑥元器件的装接位置、导线走向的正确性等。

以上各个操作环节中,每个环节的不慎都将关系到产品质量的优劣,甚至造成产品质量的隐患。因此,要求每一位操作人员必须养成耐心、细心的良好习惯,具备崇高的事业心,有精湛的操作技艺。

此外,在生产过程中,静电、温度、湿度、碰撞、电磁干扰、雨、风、冰雪、灰尘和沙尘等环境因素也影响电子产品质量。

十、理解企业 6S 管理

6S 管理是一种管理模式,是 5S 的升级。6S 管理在企业中的实施,很好地改善了企业的生产环境,提高了企业的生产效率等。6S 是指整理(SEIRI)、整顿(SEITON)、清扫(SEISO)、清洁(SEIKETSU)、素养(SHITSUKE)、安全(SECURITY),具体内容见表 1-1。

表 1-1　企业 6S 管理

项目	内容	目的
整理 （SEIRI）	将工作场所的任何物品区分为有必要和没有必要的,除了有必要的留下来,其他的都消除掉	腾出空间,空间活用,防止误用,塑造清爽的工作场所
整顿 （SEITON）	把留下来的必要物品依规定位置摆放,并放置整齐加以标识	工作场所一目了然,消除寻找物品的时间,整整齐齐的工作环境,消除过多的积压物品
清扫 （SEISO）	将工作场所内看得见与看不见的地方清扫干净,保持工作场所干净、亮丽的环境	稳定品质,减少工业伤害
清洁 （SEIKETSU）	将整理、整顿、清扫进行到底,并且制度化,经常保持环境处在美观的状态	创造明朗现场,维持上面 3S 成果
素养 （SHITSUKE）	每位成员养成良好的习惯,并遵守规则做事,培养积极主动的精神（也称习惯性）	培养良好习惯、遵守规则的员工,营造团队精神
安全 （SECURITY）	重视成员安全教育,每时每刻都有安全第一观念,防患于未然	建立起安全生产的环境,所有的工作应建立在安全的前提下

知识窗

　　我们可以用以下的简短语句来记忆 6S 管理的内容。

整理:要与不要,一留一弃;

整顿:科学布局,取用快捷;

清扫:清除垃圾,美化环境;

清洁:清洁环境,贯彻到底;

素养:形成制度,养成习惯;

安全:安全操作,以人为本。

　　企业之所以实施 6S 管理,主要是为了提供舒适的工作环境、安全的职业场所、提升员工的工作情绪、提高现场工作效率、提高产品的质量水平、增强设备的使用寿命、塑造良好的企业形象,这些都是每个企业所想要达到的与值得改善的。

　　根据企业 6S 管理的内容,细化到电子产品制作实训过程中的具体要求是:正确着装,举止文明,遵守纪律,爱惜设备,爱惜器材,安全用电,安全操作,工作台物件摆放规范。

【任务练习】

　　1.组织学生参观电子产品生产或维修现场,加深对安全文明生产和 6S 管理的感性认识,并撰写心得体会。

　　2.以实训小组为单位,上网搜集安全生产、文明生产的真实案例,各小组交流学习。

项目二
常用工具的使用

【项目导读】

目前,在大批量的电子产品生产装配中,大多数采用自动化程度较高的流水线,绝大部分手工操作被专用设备所代替。但在电子产品的一些生产及装配环节中,装配工人还需要使用到一些手工工具和设备。

电子产品装配中的常用工具有紧固工具、剪切工具、专用工具和焊接工具。紧固工具有螺钉旋具、螺帽旋具、无感小旋具和各类扳手等;剪切工具有斜口钳、剪刀、锉刀等;焊接工具有电烙铁及烙铁架、热风枪等;专用工具有导线剥线钳、成形钳、绕接工具、无锡焊接的压接钳和热熔胶枪等。本章仅介绍学生电子产品装配实训中常用的工具。

任务一 常用装配工具的使用

【任务目标】

1.了解电子产品装配中常用工具的类型、作用及外形结构特征。

2.了解常用装配工具的特点及使用注意事项。

3.能正确选择和熟练使用常用装配工具,并能对工具进行必要的维护和保养。

【任务实施】

一、常用剪切工具的识别与使用

电子产品装配时,常用剪切工具主要有尖嘴钳、斜口钳、剥线钳、剪刀等,其外形结构、特点及用途、使用注意事项见表 2-1。

表 2-1　常用装配工具及使用

工具	特点及用途	使用注意事项	外形结构
尖嘴钳	有普通尖嘴钳和长尖嘴钳两种,钳柄上套有额定电压 500 V 的绝缘套管。主要用来剪切线径较细的单股与多股线,以及给单股导线接头弯圈、剥塑料绝缘层等。能在较狭小的工作空间操作,不带刃口者只能做夹捏工作,带刃口者能剪切细小零件	要注意保护好钳柄的绝缘管,以免碰伤而造成触电事故。特别要注意保护钳头部分,钳夹物体不可过大,用力时切忌过猛	
斜口钳	有普通斜口钳和带弹簧斜口钳两种,主要用来剪切导线,剪掉 PCB 板插件和焊后过长的引线。斜口钳还可以代替一般剪刀剪切绝缘套管、尼龙扎线卡等	剪线时,要使钳头朝下,在不变动方向时可用另一只手遮挡,防止剪下的线头飞出伤眼	
剥线钳	剥线钳的钳口有数个不同直径的槽口,可用来剥除电线头部的表面绝缘层,也可以在不损伤芯线的情况下将电线中间被切断的绝缘皮与电线分开	将要剥除的绝缘层长度用标尺定好后,把导线放入相应的刃口中(比导线直径稍大),用手握住钳柄用劲,导线的绝缘层即被割破而自动弹出。注意不同线径的导线要放在剥线钳不同直径的刃口上	

续表

工具	特点及用途	使用注意事项	外形结构
剪刀	除普通剪刀外,还有剪切金属线材的剪刀。剪刀可代替斜口钳剪掉PCB板插件后多余的线头	剪切刀口较锋利,注意预防刀口伤人	

二、其他常用工具的识别与使用

在电子产品装配中,常用紧固工具有螺钉旋具、螺母旋具、扳手等;焊接时,还需要使用到镊子,它们的外形结构、特点及用途、使用注意事项见表2-2。

表2-2　其他常用工具的使用

工具	特点及用途	使用注意事项	外形结构
镊子	镊子有尖头和圆头两类,主要作用是用来夹持物体。端部较宽的医用镊子可夹持较大的物体,而头部尖细的普通镊子,适用夹持细小物体。 在焊接时,可用镊子夹持导线或元器件。对镊子的要求是弹性强,合拢时尖端要对正吻合	注意预防镊子的尖头部伤人	
螺钉旋具	螺钉旋具又称为螺丝刀、改锥或起子,用于紧固或拆卸螺钉。常用的螺丝刀有一字形、十字形两大类,又有手动、自动、电动等形式。螺丝刀的规格及型号很多。它的规格以手柄以外的刀体长度来表示	注意根据被装拆螺钉规格尺寸型号,选用与之相对应的螺钉旋具	
无感起子	无感起子用非铁磁材料制成,用于调整电子产品中电感类元器件的磁芯		

续表

工具	特点及用途	使用注意事项	外形结构
钟表小起子	钟表小起子的端头有各种不同的形状和大小,主要用于小型或微型螺钉的装拆,也可用于小型可调元器件的调整	注意根据被装拆螺钉规格尺寸型号,选用与之相对应的螺钉旋具	
螺母旋具	螺母旋具又称为螺帽起子,这种旋具在装拆六角螺母时比扳手更省力,且不易损坏螺母	注意根据被装拆螺母规格,选用与之相对应的旋具	
扳手	常用的扳手有固定扳手、套筒扳手、活动扳手三大类,是用来紧固和拆卸不同规格的螺母和螺栓的一种常用工具	①不能当锤子用;②要根据螺母、螺栓的大小选用相应规格的活络扳手;③活络扳手的开口调节应以既能夹住螺母又能方便地取下扳手、转换角度为宜	

【任务练习】

1.练习利用剥线钳剥削不同直径的导线。

2.根据不同规格的螺钉选择合适的螺钉旋具,并进行紧固或拆卸螺钉练习。

3.根据不同规格的螺母选择合适的螺母旋具,并进行紧固或拆卸螺母练习。

任务二　手工焊接工具的使用

【任务目标】

1.了解焊接工具的类型、作用及外形结构。

2.掌握手工焊接工具的特点及使用方法。

3.能维护和保养焊接工具,能排除焊接工具的常见故障。

【任务实施】

电子产品装配中使用的焊接工具主要有电烙铁及烙铁架、恒温焊台、吸锡器、电热风枪等。

一、电烙铁的识别与使用

电烙铁是手工焊接的基本工具,它的作用是把适当的热量传送到焊接部位,以便熔化焊料而不熔化元器件,使焊料与被焊金属连接起来,正确使用电烙铁是电子专业学生必须具备的基本技能之一。

1.电烙铁种类

由于用途、结构的不同,电烙铁也分为多种,按发热方式可分为直热式电烙铁、感应式电烙铁、燃起式电烙铁;按功能可分为恒温电烙铁、防静电电烙铁、吸锡电烙铁等;按功率大小可分为大功率电烙铁和小功率电烙铁。

常用的电烙铁一般为直热式电烙铁,直热式电烙铁又可以分为内热式电烙铁和外热式电烙铁两种,如图 2-1 所示。

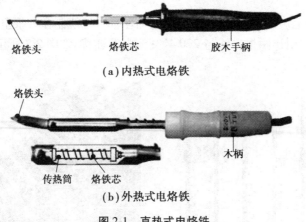

(a) 内热式电烙铁

(b) 外热式电烙铁

图 2-1　直热式电烙铁

(1) 内热式电烙铁

内热式电烙铁由手柄、连接杆、弹簧夹、烙铁芯、烙铁头组成,如图 2-1 所示。由于烙铁芯安装在烙铁头里面,因而发热快,热利用率高,因此,称为内热式电烙铁。

内热式电烙铁的常用规格为 20 W、25 W、35 W、50 W 几种,其中 35 W、50 W 最常用。内热式电烙铁适合焊接小型电子元器件和印制电路,在电子产品制作与维修中应用较广。

内热式电烙铁的后端是空心的,用于套接在连接杆上,并且用弹簧夹固定,当需要更换烙铁头时,必须先将弹簧夹退出,同时用钳子夹住烙铁头的前端,慢慢地拔出,切记不能用力过猛,以免损坏连接杆。

(2) 外热式电烙铁

外热式电烙铁由烙铁头、烙铁芯、外壳、木柄、电源引线、插头等部分组成。外热式电烙铁的烙铁头安装在烙铁芯内,由铜为基体的铜合金材料制作,长短可以调整,烙铁头越短,烙铁头的温度越高。外热式电烙铁的功率有 25~300 W 多种规格,大功率的外热式电烙铁常用于铁皮构件的焊接。

2.电烙铁的配件

（1）烙铁头

烙铁头为电烙铁的配套产品,为一体合成。烙铁头、烙铁咀、焊咀同为一种产品,是电烙铁、电焊台的配套产品,主要材料为铜,属于易耗品。

烙铁的温度与烙铁头的体积、形状、长短等都有一定的关系。烙铁头的基本形状为尖形、马蹄形、扁咀形、刀口形等。每种烙铁头(烙铁咀、焊咀)的头部基本相同,区别在于烙铁头(烙铁咀、焊咀)身体部分尺寸不同,以便和自己的电烙铁、电焊台配套。一般电烙铁、电焊台品牌不同配套的烙铁头(烙铁咀、焊咀)现状也不同。如图 2-2 所示为常见烙铁头的外形。

在实际工作中,要根据情况灵活运用电烙铁。烙铁头与烙铁尖温度的关系如下:烙铁头越长,温度越低;越细,热容量越小,但热量越集中;烙铁头越短,温度越高;烙铁头越粗,热容量越大,但热量越分散。

（2）发热芯

烙铁发热芯是电烙铁的关键部件,它由电热丝平行地绕制在一根空心瓷管上构成,中间的云母片绝缘,并引出两根导线与 220 V 交流电源连接,如图 2-3 所示。

图 2-2　烙铁头　　　　　　　　　　图 2-3　烙铁发热芯

3.电烙铁功率的选择

电烙铁的功率选择应由焊接点的大小来决定,焊点的面积大,焊点的散热速度也快,所以选用的电烙铁功率也应该大些。一般电烙铁的功率有 20 W、25 W、30 W、35 W、50 W 等,学生进行电子小制作时一般选用 30 W 左右功率的电烙铁比较合适。

4.电烙铁的使用

电烙铁的握法分为反握法、正握法和握笔法三种。焊接散热量小的被焊件时,一般采用握笔法握持电烙铁,与工作台面成 45°角,如图 2-4 所示。

在使用前先通电给烙铁头"上锡"。首先用锉刀把烙铁头按需要锉成一定的形状,然后接上电源,当烙铁头温度升到能熔锡时,将烙铁头在松香上沾涂一下,等松香冒烟后再沾涂一层焊锡,如此反复进行二至三次,使烙铁头的刃面全部挂上一层锡便可使用了。

电烙铁不宜长时间通电而不使用,这样容易使烙铁芯加速氧化而烧断,缩短其寿命。同时也会使烙铁头因长时间加热而氧化,甚至被"烧死"不再"吃锡"。

旧的烙铁头如果严重氧化而发黑,可用钢锉锉去表层氧化物,使其露出金属光泽后,重新镀锡,才能使用。

使用电烙铁时应注意以下事项:

①根据焊接对象合理选用不同类型的电烙铁。

②每次使用前,应认真检查电源插头、电源线有无损坏;并检查烙铁头是否松动。

③使用电烙铁时,不能用力敲击,防止其跌落;烙铁头上焊锡过多时,可用布擦掉;不可乱甩,以防烫伤他人。

④焊接过程中,烙铁不能到处乱放;不焊时,烙铁应放在烙铁架上。注意电源线不可搭在烙铁头上,以防烫坏绝缘层而发生事故。

⑤烙铁使用结束后,不仅要及时把电源关掉,以免长时间加热而损坏烙铁;还应该用锡丝把烙铁头上的残渣清理干净,并涂上一层锡以保护烙铁头,如图2-5所示。注意,慎用海绵沾水的方法清理电烙铁。等电烙铁完全冷却后,再将其收回工具箱。

图2-4　握笔法握持电烙铁　　　　图2-5　涂一层锡保护烙铁头

5.电烙铁常见故障维修

(1)烙铁通电后不热情况的维修

当电烙铁通电后,如果发现烙铁头不热,一般可能是因为电源线脱落或烙铁芯线断裂造成。遇到这样的情况,可用万用表的 $R×1\ \text{k}\Omega$ 挡测量电源插头的两端,如果万用表指针不动,说明有断路故障。

先检查插头本身的引线是否有断路现象,如果没有,便可卸下胶木柄,再用万用表测量烙铁芯的两根引线,如果万用表指针仍然不动,说明烙铁芯损坏,应该更换烙铁芯。将新的同规格的烙铁芯插入连接杆,将引线固定在固定螺钉上,并拧紧接线柱,同时,要注意把烙铁芯引线多余的部分剪掉,以防止两根引线短路。

(2)烙铁头带电情况的维修

烙铁头带电故障的原因,除电源线错接在接地线接线柱上外,还有一个原因,就是当电源线从烙铁芯接线柱上脱落后,又碰到了接地线的螺钉上,从而造成烙铁头带电。

出现这种故障时,容易造成触电事故,并会损坏元器件。为防止电源线脱落,需定期检查电烙铁手柄上的压线螺钉是否有松动和丢失,如有松动或丢失,要及时配好。

二、烙铁架的识别与使用

烙铁架用来放置电烙铁,防止高温的烙铁金属部分烫坏桌面及其他物品,并保持烙铁头部清洁。此外,烙铁架还可以用来放置少量的焊料和焊剂。烙铁架的结构形式如图 2-6 所示。

三、恒温焊台的识别与使用

恒温焊台又称为自控焊台,它由自动温控台、电热偶传感器、受控电烙铁等组成,其外形如图 2-7 所示。

图 2-6　烙铁架　　　　　　　　图 2-7　恒温焊台

恒温焊台是依靠温度传感器(热电偶)监控烙铁头温度的,并通过放大器将传感器输出信号放大处理,来控制电烙铁的供电电路输出的电压高低,从而达到自动调节烙铁温度,使烙铁温度恒定的目的。采用这种温控方式的恒温焊台的恒温效果好,温度波动小,还可以手动人为随意设定恒定的温度,但其结构复杂,价格较高。

由于恒温电烙铁是断续加热,因而比普通电烙铁节电。由于烙铁头温度始终保持在适于焊接的范围内,所以焊料不易氧化,既可减少虚焊,提高焊接质重;又不会产生过热现象;也能防止被焊件因温度过高而损坏,从而延长烙铁的使用寿命。

电烙铁的温度是由实际应用需要来决定的,通常来说,电烙铁 4 s 可以焊接一个锡点时的温度就是比较合适的温度,如果烙铁头发紫,说明温度过高了。具体来说,焊接直插电子料时,烙铁头的温度应该设置在 300~370 ℃;如果是焊接表面贴装物料,温度适宜在 300~320 ℃;蜂鸣器的维修需要 270~290 ℃ 的温度,大的组件脚的焊接温度不能超过 380 ℃。另外,对于特殊物料,还需要对温度进行特别设置。

四、吸锡电烙铁的识别与使用

吸锡电烙铁是集活塞式吸锡器与电烙铁融为一体的拆焊工具,如图 2-8 所示。它具有加热、吸锡两种功能。不足之处是每次只能对一个焊点进行拆焊。

与普通电烙铁相比,吸锡电烙铁拆焊效率高,不易损伤元器件,对于集成电路等多管脚的元器件拆卸方便。使用时要注意及时清理吸入的锡渣,保持吸锡孔通畅。

五、感应式电烙铁的识别与使用

感应式电烙铁也叫速烙铁或焊枪,它通过一个二次侧只有 1~3 匝的变压器,将一次侧的高电压(交流 220 V)变换为二次侧的低压大电流,并使二次侧感应出的大电流流过烙铁头,使烙铁头迅速达到焊接所需的温度,其结构如图 2-9 所示。

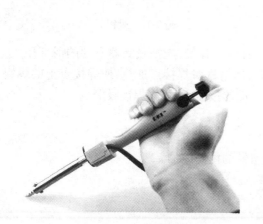

图 2-8　吸锡电烙铁

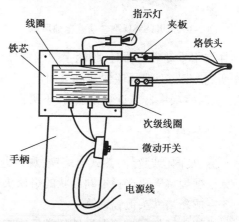

图 2-9　感应式电烙铁的结构

该烙铁的特点是加热速度快,一般通电几秒钟,即可达到焊接温度,特别适于断续工作的使用。但该烙铁头上带有感应信号,一些感应敏感的元器件不要使用这种烙铁焊接。

六、电热风枪的识别与使用

电热风枪利用高温热风,加热焊锡膏和电路板及元器件引脚,使焊锡膏熔化,来实现焊接或拆焊的目的。如图 2-10 所示的是 DKT858D 型多功能电热风枪。

电热风枪由控制台和电热风吹腔组成。电热风吹腔内装有电热丝和电风扇,控制台完成温度及风力的调节。电热风枪适用于焊接或拆卸表面贴装元器件。

七、吸锡器的识别与使用

维修拆卸零件需要使用吸锡器,尤其是大规模集成电路,更为难拆,拆不好容易破坏印制电路板,造成不必要的损失。简单的吸锡器是手动式的,且大部分是塑料制品,它的头部由于常常接触高温,因此通常都采用耐高温塑料制成。

吸锡器用于收集拆卸焊盘电子元件时融化的焊锡,有手动、电动两种,电子制作时一般使用手动吸锡器,如图 2-11 所示。

图 2-10　DKT858D 型多功能电热风枪　　　　图 2-11　吸锡器

在使用手动吸锡器时,胶柄手动吸锡器中有一个弹簧,先把吸锡器末端的滑杆压入,直至听到"咔"声,表示吸锡器已被固定。然后,用烙铁对焊接点加热,使焊接点上的焊锡熔化,同时将吸锡器靠近焊接点,按下吸锡器上面的按钮,便可将焊锡吸上。

【任务练习】

1.拆、装内(或者外)热式电烙铁,观察电烙铁的内部结构。

2.根据焊接需要选择不同形状的烙铁头。

3.完成新烙铁头镀锡训练。

4.模拟练习如何排除电烙铁的常见故障。

项目三

常用仪器仪表的使用

【项目导读】

　　MF47 型指针式万用表和 DT9205A 型数字万用表是初学者经常使用的仪表,而 UPT3705S 型直流稳压电源、DS1072E-EDU 型数字示波器、DG1022U 型信号发生器和 UT802 型台式万用表这 4 种仪器都是当前电子技术类高考技能考试的指定仪器设备。在技能高考中需要使用这几种仪器设备为组装好的电子产品提供电源,测试相应参数,因此掌握其使用方法是非常重要的。

任务一　便携式万用表的使用

【任务目标】

1.了解万用表的基本结构及使用注意事项。
2.熟悉指针式万用表测量常用电参数的方法。
3.熟悉数字万用表测量常用电参数的方法。

【任务实施】

一、指针式万用表的使用

1.指针万用表的基本结构

指针万用表的种类很多,但它们的组成和工作原理基本相同。下面以 MF47 型万用表为例进行介绍。如图 3-1 所示,MF47 型万用表是一种高灵敏度、多量程的便携式仪表,该表共有 26 个基本测量量程,可供测量交、直流电压电流、直流电阻、音频电平等。它能估测电容器的性能,判别各种类型的二极管、三极管极性等。

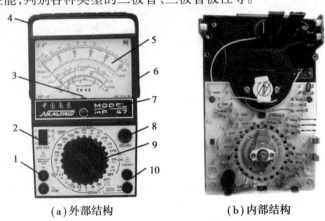

(a)外部结构　　　　　　　　(b)内部结构

图 3-1　MF47 型万用表的结构

1—表笔插孔;2—三极管 h_{FE} 值;3—下方内部即为表头;4—提手;5—表盘;
6—外壳;7—机械调零旋钮;8—电阻挡调零旋钮;9—转换开关;10—专用插座

指针万用表主要由测量机构、测量电路、转换装置等组成。从外观上看,指针万用表由外壳、表头、表盘、机械调零旋钮、电阻挡调零旋钮、转换开关、专用插座、表笔插孔等组成。

2.指针式万用表的使用方法

MF47 型万用表的主要使用方法见表 3-1。

表 3-1　MF47 型万用表的主要使用方法

基本使用方法	测试前的准备(机械调零)	把万用表放置水平状态,并视其表针是否处于零点(指电流、电压刻度的零点),若不在,则应调整表头下方的机械零位调整旋钮,使指针指向零点	
	选挡	根据被测电量的属性,正确选择万用表上合适的挡位量程	
测量交流电压(例:测量 220 V 交流电压)	选挡	根据被测值旋转量程开关置于交流 250 V 量程	
	连接	将万用表表笔并接在被测两端	
	读数	因所用挡位为 250 V,并且表盘内有 250 刻度线,所以读数范围可直接读 0~250 线;由于指针指向 235 刻度位置,则所测电压实际值为 235 V	
测量直流电压(例:测量 9 V 层叠电池实际电压)	选挡	将万用表量程开关旋转至直流 10 V 挡	

续表

测量直流电压（例:测量9 V层叠电池实际电压）	连接	将万用表的红表笔接到电池正极,黑表笔接到电池负极	
	读数	因使用10 V量程,所以应该按0~10线读数读出值为9.4 V	
测量直流电流（例:9 V层叠电池流过220 kΩ电阻的电流）	选挡	通过欧姆定律计算出电流大约为40 μA,所以将万用表量程开关旋转至直流50 μA挡。如果无法估计测量值,则由高挡选到低挡	
	连接	将电阻其中一端连接至电池正极,另一端连接至红表笔,电池负极接到黑表笔,使其万用表串联在电路中	
	读数	因使用50 μA挡,所以应该按满刻度0~50线读数,读出值为42,所以流过电阻的电流为42 μA	
测量电阻阻值（例:测量200 Ω固定电阻的实际阻值）	选挡	根据色环(红黑棕)读出电阻标称值为200 Ω,所以将万用表量程开关旋转至R×10 Ω挡;再把两支表笔短接,进行欧姆调零,即指针偏转到右面"0"刻度线位置	

续表

测量电阻阻值（例:测量200 Ω固定电阻的实际阻值）	连接	将两支表笔任意接到电阻器两端。注意此时应切断所有与电阻连接的电源和电路连接,保证无电压和其他电阻接入电阻器中	
	读数	因使用 $R×10$ Ω 挡,读出刻度值为20,即实际电阻值为200 Ω	

3.使用指针式万用表的注意事项

①万用表水平放置,视其表针是否处于零点(指电流、电压刻度左端的零点);若不在,则应调整表头下方的机械零位调整旋钮,使指针指向零点。

②根据被测项正确选择万用表上的量程。如已知被测量的数量级,就选择与其相对应的数量级量程。如不知被测量值的数量级,则应从最大量程开始测量,当指针偏转角太小而无法精确读数时,再把量程减小。一般以指针偏转角在满度值的 2/3 左右为合理量程。

③在测量过程中不要拨动量程选择开关。

④测量高电压、大电流时,必须注意安全。

⑤测量电阻时应首先调零,即把两支表笔直接相碰(短路),调整表盘下面的欧姆调整器旋钮,使指针正确指在"0"欧姆处。

⑥测量完成后,应把量程开关拨在交流电压的最大量程位置。

二、数字万用表的使用

1.数字万用表的结构

数字万用表主要由液晶显示器、量程转换开关和表笔插孔等组成。下面以 DT9205A 型数字万用表为例进行介绍,如图 3-2 所示,该表有 30 个基本挡和 2 个附加挡。

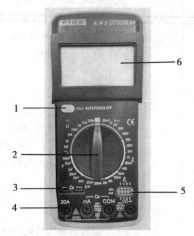

图 3-2 DT9205A 型数字万用表

1—数据保持;2—转换开关;

3—电容插孔;4—表笔插孔;

5—三极管插孔;6—液晶显示器

2.数字万用表的使用方法

DT9205A 型数字万用表的主要使用方法见表 3-2。

表 3-2　DT9205A 型数字万用表的主要使用方法

电阻挡的使用	测量之前,将红表笔插入"V/Ω"插孔,黑表笔插入"COM"插孔,将功能表开关旋至"Ω"挡相应的量程	
	当无输入时,在开路的情况下显示屏显示"1"。如果被测电阻值超出所选量程的最大值,显示屏也将显示"1",这时应选择更高的量程	
	若挡位设置过高,则屏幕显示为"0",如右图所示为用 20 MΩ 挡测 1 kΩ 电阻的显示。对于大于 1 M 或更高的电阻,要过几秒后读数才能稳定,这是正常现象	
	例如,测量一只标有 200 Ω 电阻,将量程开关旋至 2 kΩ 挡,将表笔跨接在电阻的两端,读数最后稳定在 200 Ω,这就是测量结果。由于电阻值和表的误差,可能导致了测量结果和电阻标注值存有一定的差异	
直流电压挡的使用	将红表笔插入"V/Ω"插孔,黑表笔插入"COM"插孔,将功能开关旋至被测直流电压相应的量程,量程的选用与指针万用表相同	
	当被测电压的极性接反时,数值的结果前面会显示"−",此时不必调换表笔重测,也可直接读出被测数值。如右图所示要测一节 9 V 的层叠电池,则挡位开关旋转至直流电压 20 V 挡	

续表

直流电压挡的使用	经测量该电池的实测电压为 9.42 V,如果显示屏只显示"1",表示被测电压超过了该量程的最高值,应选用更高的量程。注意:不要测量 1000 V 以上的电压值,否则容易损坏内部电路	
交流电压挡的使用	将红表笔插入"V/Ω"插孔,黑表笔插入"COM"插孔,将功能开关旋至被测交流电压相应的量程,其他方法与测量直流电压基本相同	
	测量交流电压时,只要量程合适可直接读出被测数值。如右图所示要测量单相插座的市电电压,预估 220 V,则挡位开关旋转至交流电压 750 V 挡	
	根据屏幕显示读出该电压实测值为 243 V。注意:对不能预估电压的测量则从最大量程依次减小量程,不要带电拨动转换开关;也不要测量 750 V 以上的电压值,否则容易损坏内部电路	
直流电流挡的使用	将黑表笔插入"COM"插孔,当测量电流的最大值不超过 200 mA 时,将红表笔插入"mA"插孔,当测量电流的最大值超过 200 mA 时,将红表笔插入"20 A"插孔	

续表

直流电流挡的使用	例如,测量 9 V 层叠电池流过 220 kΩ 电阻的电流,通过欧姆定律计算出电流大约为 0.04 mA,所以将万用表量程开关旋转至直流 2 mA 挡。如果无法估计测量值,则由高挡选到低挡	
	将两表笔串联在被测电路中,便可测量出结果。根据显示读出电流为 0.042 mA	
交流电流挡的使用	将功能转换开关旋至交流电流相应的量程,其他方法与直流电流的测量方法相同	
电容挡的使用	将功能转换开关置于合适的电容量程,将电容器直接插入电容测量插座"CX"中,便可显示测量结果	
	注意:稳定读数需要一定的时间,电容测量也可用电阻挡测量	

续表

h_{FE}挡的使用	将功能转换开关置于h_{FE}挡,待测三极管插入NPN(用于测 NPN 三极管的β值)或 PNP(用于测 PNP 三极管的β值)的插孔中,显示屏上显示的数值即为被测三极管的β值	
	图例中三极管为 9013NPN 型三极管,根据显示数字可知该三极管的β值为 276	
蜂鸣器和二极管挡的使用	将红表笔插入"V/Ω"插孔,黑表笔插入"COM"插孔,将功能开关旋至蜂鸣器和二极管挡,便可进行测量	
	①判断电路的通断。将两表笔跨接在线路的两端,蜂鸣器发出声音或者发光二极管发光时,表示线路导通($R \leqslant 90\ \Omega$),如果没有声音或者发光二极管不发光表示线路不通。 ②判断二极管的好坏、极性、正向压降值。将红、黑表笔分别接二极管的两端,如果显示溢出,表示反向。再交换表笔,这时显示的数值为二极管的正向降压值,红表笔所连接的一端为正极,另一端为负极,同时也可以根据正向降压的大小判断二极管的制作材料。一般情况下锗管的正向降压为 200~300 mV,硅管为 500~700 mV,如果以上两次测量均为溢出,表明此二极管已损坏。(图例中 1N4007 二极管正向压降为 594 mV,由此说明是一个上正下负的硅材料二极管)。 注意:数字万用表与指针万用表不同的是,数字表的红表笔接内部电源的正极,黑表笔接负极,与指针万用表正好相反,在测量二极管时不要误判	

35

3.使用数字万用表的注意事项(见表3-3)

表 3-3 使用数字万用表的注意事项

全面了解数字万用表的性能	熟悉电源开关、量程转换开关、各种功能键、专用插座及其他旋钮的作用和使用方法;熟悉万用表的极限参数及各种显示符号所代表的意义,如过载显示、表内电池低电压显示等;熟悉各种声、光报警信息的意义
测量前应注意的事项	根据被电量选择相应的测量项目和合适的量程。尽管避免出现误操作,每一次拿起表笔准备测量时,务必再核对一下测量项目及量程开关是否合适。使用专用插座时要注意选择正确,例如,避免用电流挡去测电压,用电阻挡去测电压或电流,用电容挡去测带电的电容等
测量电压时应注意的事项	测量电压时,数字万用表的两表笔应并接在被测电路的两端,假如无法估计被测电压的大小,应选择最高的量程试测一下,再选择合适的量程。若只显示"-1",证明已发生过载,应选择较高的量程
测量电流时应注意的事项	要注意将两支表笔串接在被测电路的两端,以免损坏万用表。跟指针式万用表不一样,数字式万用表不必担心表笔是否接反,数字表可以自动转换并显示电流的极性
测量电阻时应注意的事项	在使用电阻挡时,红表笔接"V/Ω"插孔,带正电;黑表笔接"COM"插孔,带负电。这点与指针式万用表正好相反,因此检测二极管、三极管、电解电容等有极性的元器件时,应注意表笔的极性
维护时应注意的事项	禁止在高温、阳光直射、潮湿、寒冷、灰尘多的地方使用或存放数字万用表。如果发生故障,应对照电路进行检修,或送有经验的人员维修,不得随意打开万用表拆卸线路。清洗表壳时,用酒精棉球清洗污垢。长期不用应将电池取出,以免电池渗液而腐蚀线路板

友情提示

人身安全:万用表的笔头部分是金属的,使用时不可用手去触摸,否则会影响测量结果,甚至发生触电事故。

仪表安全:要根据被测电参量合理选择量程开关。不能出现错误选择量程挡位的情形,如误用电阻量程去测电压或电流。

电池使用:万用表由电池供电,电量不足会影响测量结果的准确性。长期不使用万用表,要将电池取出,避免电池损毁表的内部部件。

【任务练习】

1.指针式万用表的刻度盘如图3-3所示,请根据表中给定的信息将读数值填入表3-4中。

图 3-3 万用表刻度盘

表 3-4 记录表

序号	指针位置	转换开关位置	读数值
1	50 过 2 小格	ACV500	
2	150 过 3 小格	DCV2.5	
3	100 过 3 小格	ACV1000	
4	5 过 6 格	×1 kΩ	
5	50 过 8 格	×10 kΩ	
6	0 过 7 小格	DcmA500	

2.请分别用指针式万用表和数字万用表测量同一个电阻、交流电压、直流电压、电流等电参量,将测量结果记录下来,试分析比较测量结果的正确性。

3.简述用数字万用表测量电流的步骤。

任务二 直流稳压电源的使用

【任务目标】

1.了解 UTP3705S 型直流稳压电源的面板结构。

2.理解 UTP3705S 型直流稳压电源各功能键的作用。

3.掌握 UTP3705S 型直流稳压电源的操作步骤。

4.能根据 UTP3705S 型直流稳压电源的技术指标正确使用直流稳压电源。

【任务实施】

一、认识 UTP3705S 型直流稳压电源

UTP3705S 型直流稳压电源的面板结构如图 3-4 所示,面板上的功能键和符号所代表的含义见表 3-5。

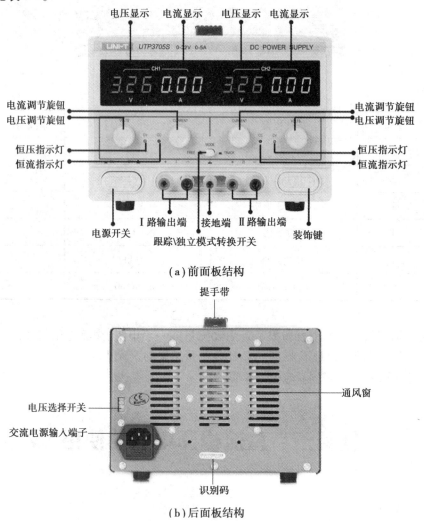

（a）前面板结构

（b）后面板结构

图 3-4　UTP3705S 型直流稳压电源的面板结构

表 3-5　面板上各功能键及符号的含义

符号	图片	含义
POWER		电源开关
CH1、CH2		两个通道输出电压、电流显示
CURRENT		切换恒流、恒压模式； 设置输出电流值
VOLTS		在恒压模式下设置输出电压值
CV		恒压模式指示灯,当 CV 灯亮时 表明工作在恒压模式
CC		恒流模式指示灯,当 CC 灯亮时 表明工作在恒流模式
MODE		串联跟踪模式和独立非跟踪模式切换 键;TRACK 为串联模式, FREE 为独立模式
I		CH1 输出通道,有红"+"、 黑"−"两个接线柱

续表

符号	图片	含义
Ⅱ		CH2 输出通道,有红"+"、黑"-"两个接线柱
⊥		接地端:机壳接地接线柱,配有短接片

二、输出电压的设置

该电源的输出电压是 0~32 V 连续可调,调节电压必须在恒压模式下调节,即调节恒压恒流模式切换旋钮 CURRENT,使恒压指示灯 CV 亮后才可调节,单电源设置步骤见表3-6,双电源设置步骤见表3-7。

表 3-6　单电源设置步骤

操作步骤	操作图示	操作要点	操作结果
①将工作方式设为独立方式		将工作方式开关 MODE 置于弹起位置 FREE,使两个通道以独立方式工作	MODE 置于弹起位置 FREE,两通道相互独立
②选择所用通道设置所需电压		在两个通道中选择一个通道,然后调节电压调节旋钮,设置所需电压	电压显示窗口显示所设置的电压值
③测量所设置的电压		用万用表测量所设置的输出电压值	测量值与设置值相近

表 3-7　双电源设置步骤

操作步骤	操作图示	操作要点	操作结果
①连接好短路片		用短路片将 CH1 的负极和 CH2 的正极可靠连接	CH2 通道的电压值自动调整与 CH1 通道的电压值一致
②将工作方式设为串联方式		将工作方式开关 MODE 置于按下位置 TRACK,使两个通道以串联方式工作	MODE 置于按下位置 TRACK,两个通道串联
③设置 CH1 通道的电压调节旋钮调节所需工作电压		此时两个通道的输出电压只受 CH1 通道的电压调节控制,调节 CH1 通道的电压调节旋钮设置所需电压	CH2 通道的电压跟随 CH1 通道的电压变化而变化
④测试输出电压	 	用万用表黑表笔固定与接地端 COM 连接,红表笔与 CH1 正极输出正电压,红表笔与 CH2 负极相连输出负电压	输出正负相同的电压

三、输出电流的设置

该电源的输出电流 0~5 A 连续可调,设置电流操作步骤见表 3-8。

表 3-8　设置电流操作步骤

操作步骤	操作图示	操作要点	操作结果
①设置恒流工作模式	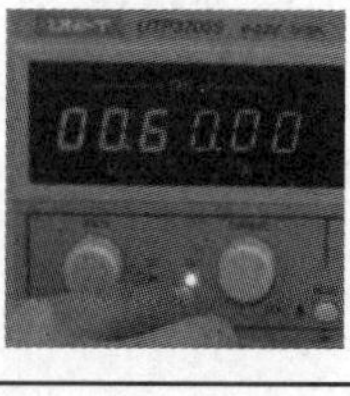	将电流调节和模式切换旋钮 CURRENT 逆时针调到底,让电源工作在恒流模式	恒流模式工作指示灯亮

续表

操作步骤	操作图示	操作要点	操作结果
②接上负载或者短接输出端		有负载时,接上负载,若无负载时则用导线短接输出端	电压、电流显示均为0
③设置输出电流值		顺时针调节电流旋钮CURRENT 增大电流值,逆时针调节电流旋钮CUR-RENT 减小电流值	电流显示窗口显示所设置的电流值

四、模式的切换

UTP3705S 型直流稳压电源有独立(FREE)和串联跟踪(TRACK)两种工作模式。

1.独立工作模式(FREE)

特点:CH1 和 CH2 两个通道相互独立,所显示的电压和电流值只受对应通道的电压、电流调节旋钮控制,可输出两组不同的电压。

设置:将模式切换按钮 MODE 弹起置于(FREE)。

2.串联跟踪模式(TRACK)

主从关系:当工作在串联跟踪模式时,将建立以 CH1 通道为主,以 CH2 通道为从的主从关系,即 CH2 通道此时所显示的电压将保持与 CH1 通道的数值一致且不受 CH2 通道电压调节旋钮的控制,两组的电压大小此时都由 CH1 通道的电压调节旋钮控制。

可输出 CH1 通道 2 倍的电压:当工作在串联模式下时,使用 CH1 通道的正极接线柱和 CH2 通道的负极接线柱作为电源的输出端时,此时输出电压值为 CH1 通道 2 倍的电压,最高可输出 64 V。

可输出正负双电源:将接地端作为固定公共端,CH1 通道的正极接线柱与接地端之间输出为正电压,CH2 负极接线柱与接地端之间输出为负电压。

设置:将模式切换按钮 MODE 按下置于(TRACK),为确保跟踪模式能正常工作,在模式切换前要用短接片将 CH1 通道负极与 CH2 通道的正极可靠连接。

五、给负载供电

1.单电源供电的连接

①选择对应的通道。

②将负载的负极与对应输出通道的负极接线柱相连即接黑色接线柱。

③将负载的正极与对应输出通道的正极接线柱相连即接红色接线柱。

2.双电源供电的连接

①将短接片与 CH1 通道负极和 CH2 通道的正极可靠连接。

②将负载的公共端与电源的接地端可靠连接。

③将负载的正极接到 CH1 通道的正极接线柱即红色接线柱,负载的负极接到 CH2 通道的负极接线柱即黑色接线柱。

这里以为 51 单片机时钟电路板提供所需工作电压为例,其操作流程见表 3-9。

表 3-9 为时钟电路板供电操作流程

操作步骤	操作图示	操作要点	操作(或测量)结果
①观察电路所需工作电压		观察电路所需的工作电压,判别供电的方式及类型,找到电源输入端子	此电路为单电源直流 5 V 供电
②调节直流稳压电源使其输出电路所需电压		打开 UTP3705S 稳压电源,设置为独立工作模式,选择 CH1 通道并将其输出电压设置为 5 V	工作方式按钮为弹起,工作模式为恒压 CV 灯亮,CH1 通道显示 5 V
③利用万用表测量电源输出电压		将数字万用表置于 DC20V 挡,红表笔接 CH1 通道的红色接线端子,黑表笔接 CH1 通道的黑色接线端子测量其输出电压	数字万用表显示屏应显示 5 V
④连接负载		找到电路的电源输入端并分清正负极;用连接导线将电路电源输入接口的正负极分别与直流稳压电源的正负相连	可靠连接,无短路和错接现象
⑤供电		接通开关观察电源指示灯判别电源供电是否正常	电源指示灯亮,电路正常工作

友情提示

调节:直流稳压电源的使用,主要是对电压、频率的设置,调节时要分清楚。旋钮要缓慢调节。

直流稳压电源使用的步骤:连接电源→开启电源(在不接负载的情况下)→设置输出电压→设置电流→设置工作模式→万用表校对输出电压→为负载供电。

【任务练习】

1.判断题

(1)直流电源是一种将正弦信号转换为直流信号的波形变换电路。　　　(　)

(2)直流电源是一种能量转换电路,它将交流能量转换为直流能量。　　　(　)

(3)UPT3705S 直流稳压电源既可以输出单电源也可同时输出正负双电源向负载供电。

　　　　　　　　　　　　　　　　　　　　　　　　　　　　(　)

2.简述 UPT3705S 直流稳压电源为负载供电的正确操作步骤。

任务三　数字示波器的使用

【任务目标】

1.了解数字示波器的面板结构,了解数字示波器的特点和优点。

2.理解 DS1072E-EDU 型数字示波器面板结构上各功能键的作用。

3.掌握 DS1072E-EDU 型数字示波器的使用方法。

【任务实施】

一、认识 DS1072E 数字示波器

DS1072E-EDU 型数字示波器的面板结构如图 3-5 所示,各功能键的作用见表 3-10。

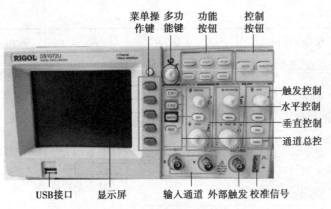

图 3-5　数字示波器的面板结构

表 3-10　各功能键的作用

区域	按钮图标	名称	作用
功能按钮	Measure	自动测量功能键 Measure	具有 20 种自动测量功能,包括峰峰值、最大值、最小值、幅值、平均值、均方根值、频率、周期、正占空比等 10 种电压测量和 10 种时间测量
	Acquire	采样控制功能键 Acquire	通过菜单控制按钮调整采样方式(实时采样、等效采样)
	Storage	储存功能键 Storage	存储和调出图像数据
	Cursor	光标测量 Cursor	通过此设定,在自动测量模式下,系统会显示对应的电压或时间光标,以揭示测量的物理意义
	Display	显示功能键 Display	显示系统的功能按键
	Utility	辅助功能设置 Utility	自校正、波形录制、语言选择、出厂设置、界面风格、网格亮度、系统信息、频率计等
控制按钮	RUN/STOP	运行/停止 RUN/STOP	运行和停止波形采样。在停止的状态下,还可以对波形垂直幅度和水平时基进行调整
	AUTO	自动设置 AUTO	自动设置仪器各项控制值,以产生适宜观测的波形

续表

区域	按钮图标	名称	作用
垂直系统功能键		垂直位移旋钮 POSITION	①旋转该旋钮控制波形的垂直显示位置；②按下该旋钮作为设置通道垂直显示位置恢复到零点
		垂直衰减旋钮 SCALE	①旋转该旋钮改变波形的幅度；②按下该旋钮为设置输入通道的粗调/微调状态的快捷键
水平系统功能键		水平位移旋钮 POSITION	①旋转时改变波形的水平位置；②按下时使触发位移（或延迟扫描位移）恢复到水平零点处
		水平功能菜单 MENU	显示 TIME 菜单。在此菜单下，可以开启/关闭延迟扫描或切换 Y-T、X-Y 和 ROLL 模式，还可以设置水平触发位移复位（触发位移：指实际触发点相对于存储器中点的位置）
		水平衰减旋钮 SCALE	①旋转该键可改变波形水平参数；②按下为延迟扫描快捷键
触发系统按键		触发电平调节旋钮 LEVEL	①转动该键可以发现屏幕上出现一条桔红色的触发线以及触发标志，随旋钮转动而上下移动。停止转动旋钮，此触发线和触发标志会在约 5 s 后消失。在移动触发线的同时，可以观察到在屏幕上触发电平的数值发生了变化。②按下该旋钮使触发电平恢复到零点
		触发功能菜单 MENU	调出触发操作菜单
		50%按钮	设定触发电平在触发信号幅值的垂直中点
		强制触发按钮 FORCE	强制产生一触发信号，主要应用于触发方式中的"普通"和"单次"模式

二、示波器的校准

为了真实反映被测信号的波形,未经补偿调节或补偿偏差的探头会导致测量误差。防止波形出现过补偿或欠补偿,在进行波形测量前,我们要对示波器进行校准。数字示波器校准步骤见表 3-11。

表 3-11 校准数字示波器的步骤

操作步骤	操作图示	操作要点	操作(或测量)结果
①打开电源		按下示波器顶端电源开关	示波器开机,电源指示灯亮
②连接探头与示波器		将探头的插入端口插入示波器"CH1(X)"(输入端口)且顺时针旋转连接好	使示波器与探头连接
③设置输入衰减		调节探头衰减开关	将探头衰减设置为"×1"
④连接示波器探头与校准信号		先接接地端,再接信号端	将校准信号接入示波器
⑤测量		按下"AUTO"键进行自动测量	开始测量波形
⑥调节位移旋钮		调节"水平位移"和"垂直位移"旋钮	使波形与示波器刻度线重合

续表

操作步骤	操作图示	操作要点	操作(或测量)结果
⑦观察波形补偿		观察波形能否与刻度线重合	若波形能与示波器刻度线重合,则补偿正常
⑧查看波形参数		按下"Measure"按钮	出现"信源、电压、时间测量"测量参数选项
⑨查看电压参数		按下"电压测量"对应的菜单操作键; 旋转功能旋钮至"峰峰值",并按下功能旋钮	显示"最大值、最小值、峰峰值"等电压测量内容,此时显示电压值为"3.00 V";校准信号 U_{p-p} = 3.0 V,该信号幅度正确
⑩查看校准信号频率		按下"时间测量"对应的菜单操作键; 旋转功能旋钮至"频率"处,并按下功能旋钮	显示"周期、频率"等测量内容此时显示频率为"1.000 kHz";校准信号 f = 1.0 kHz,该信号频率正确
⑪清除测量		按下"清除测量"对应的菜单按钮	测量清除上面的所以测量,完成示波器校准

三、扫描基线的调试

在测试直流信号之前,先需要调试示波器本身,获得良好扫描基线后,才能精确测试波形信号。数字示波器扫描基线的调试步骤见表 3-12。

表 3-12 调试数字示波器扫描基线的步骤

操作步骤	操作图示	操作要点	操作(或测量)结果
①开机		按下示波器顶端电源开关	示波器开机,电源指示灯亮
②连接探头与示波器		将示波器探头一端与示波器 CH1(或者 CH2)连接	将示波器与探头连接好
③设置耦合方式	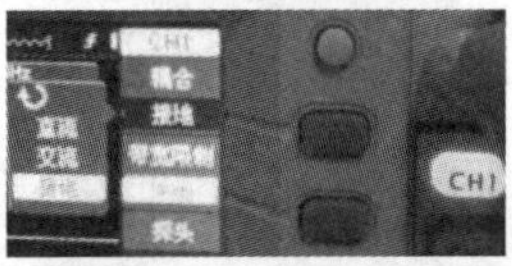 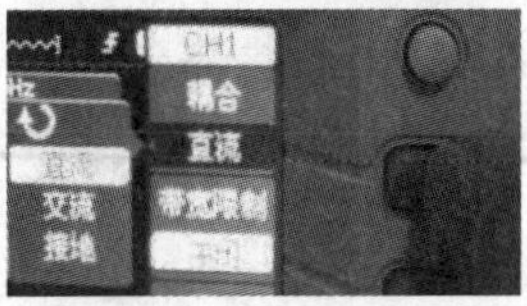	按下"CH1",按下"耦合"对应操作键,旋转功能旋钮至"接地"并按下确认	将输入耦合方式设置为"接地"
④调出水平亮线	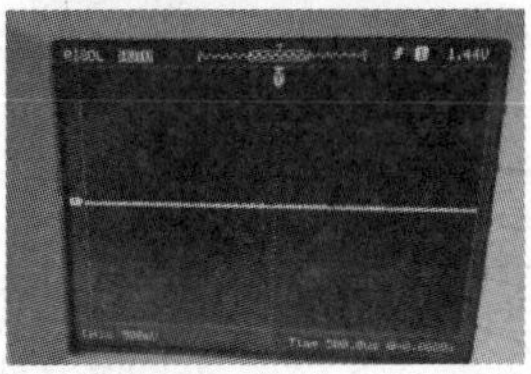	调节垂直位移	使水平亮线处于屏幕中间位置

四、直流信号的测量

被测电压=垂直格数×电压/格×探头衰减。

这里以测量报警电路电源波形参数介绍其操作步骤,见表 3-13。

表 3-13　数字示波器测量报警电路电源波形参数操作步骤

操作步骤	操作图示	操作要点	操作(或测量)结果
①开机校准示波器,并调节时间基线	见表 3-11、表 3-12	对示波器进行校准,调出时间基线	使时间基线与水平刻度线重合,并将其调至屏幕中央
②调节直流稳压电源		调节直流稳压电源"电压"调节旋钮	使直流稳压电源输出 5 V 直流电源
③设置探头衰减		调节探头衰减开关	将探头衰减设置为"×1"
④连接示波器探头与被测点		将示波器探头接地端与电源输出负极"−"相接,信号端与电源输出正极"+"相接,注意应先接负极后接正极	将被测电源接入示波器
⑤设置示波器输入耦合方式		将输入耦合设置为"直流"	此时允许所有交流、直流分量通过
⑥进行测量		按下自动测量键"AUTO"	示波器对输入信号进行测量

续表

操作步骤	操作图示	操作要点	操作(或测量)结果
⑦调出测量菜单	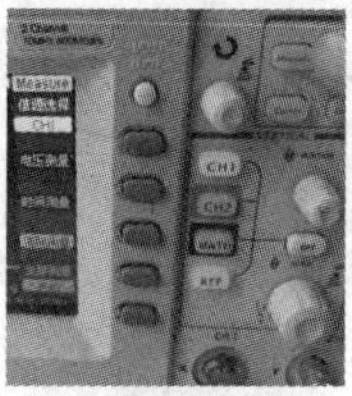	按下"Measure"按钮	出现"信源、电压、时间测量"测量参数选项
⑧查看电压测量参数	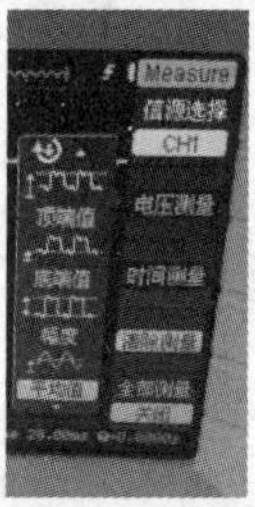	按下"电压测量"对应的菜单操作键	此时显示"最大值、最小值、峰峰值"等电压测量内容
⑨读取输入电压平均值	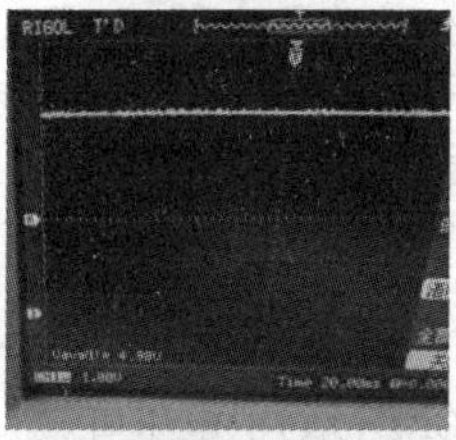	旋转功能旋钮至"平均值",并按下功能旋钮	此时显示波形为直流,电压值为"4.98 V"
⑩断开示波器探头与被测点	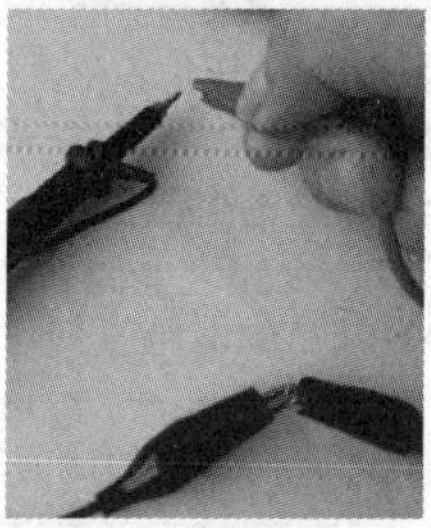	先断开正极,再断开负极	使示波器与被测点断开
⑪仪器复位		关机,并整理实训台面及实训室	使仪器和实训台面及实训室整洁有序

五、交流信号的测量

1.波形电压参数的识读

DS1072E型数字示波器可以自动测量的电压参数包括峰峰值、最大值、最小值、平均值、均方根值、顶端值、底端值等。波形电压参数读取如图3-6所示,各参数所代表的含义见表3-14。

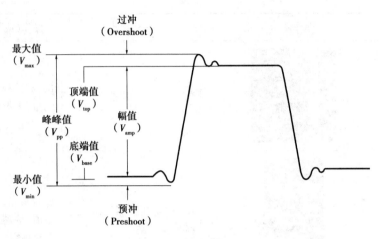

图 3-6　波形电压示例

表 3-14　电压参数及含义

电压参数	含义
峰峰值(V_{pp})	波形最高点波峰至最低点的电压值
最大值(V_{max})	波形最高点至 GND(地)的电压值
最小值(V_{min})	波形最低点至 GND(地)的电压值
幅值(V_{amp})	波形顶端至底端的电压值
顶端值(V_{top})	波形平顶至 GND(地)的电压值
底端值(V_{base})	波形平底至 GND(地)的电压值
过冲(Overshoot)	波形最大值与顶端值之差与幅值的比值
预冲(Preshoot)	波形最小值与底端值之差与幅值的比值
平均值(Average)	单位时间内信号的平均幅值
均方根值(V_{rms})	即有效值。依据交流信号在单位时间内所换算产生的能量,对应于产生等值能量的直流电压,即均方根值

2.波形时间参数识读

DS1072E 型数字示波器可以自动测量信号的频率、周期、上升时间、下降时间、正脉宽、负脉宽、正占空比、负占空比共 8 种时间参数。波形的时间参数读取如图 3-7 所示,各参数所代表的含义见表 3-15。

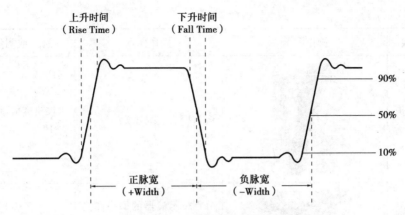

图 3-7　时间参数示例

表 3-15　时间参数及含义

时间参数	含义
周期(P_{rd})	扫描一个完整周期所用时间
频率(F_{req})	在单位时间 1 s 内所完成扫描周期的个数
上升时间(Rise Time)	波形幅度从 10% 上升至 90% 所经历的时间
下降时间(Fall Time)	波形幅度从 90% 下降至 10% 所经历的时间
正脉宽(+Width)	正脉冲在 50% 幅度时的脉冲宽度
负脉宽(−Width)	负脉冲在 50% 幅度时的脉冲宽度
正占空比(+Duty)	正脉宽与周期的比值
负占空比(−Duty)	负脉宽与周期的比值

3.测量交流信号的操作步骤

在此以测量一个小型交流变压器的输出波形为例讲解其操作步骤,见表 3-16。

表 3-16　测量报警电路输出波形参数的操作步骤

操作步骤	操作图示	操作要点	操作(或测量)结果
①开机并进行校准	见表 3-11,表 3-12	对示波器进行校准	使波形补偿正常

续表

操作步骤	操作图示	操作要点	操作(或测量)结果
②调节探头衰减		调节探头衰减开关	将探头衰减设置为"×1"
③连接示波器探头与变压器		分别将示波器的探头和接地端分别接至变压器二次侧两端,并接通变压器一次侧电源	使输出信号接入示波器
④设置示波器输入耦合		将输入耦合方式设置为"交流"	此时只允许交流分量通过
⑤测量波形		按下自动测量键"AUTO"	示波器对输出信号进行测量,波形如左图所示
⑥查看波形参数		按下"Measure"旋钮	出现"信源、电压、时间""全部测量"选项

续表

操作步骤	操作图示	操作要点	操作(或测量)结果
⑦读取波形参数		在测量菜单中选择"全部测量"	各项参数均显示在屏幕底端如左图所示
⑧仪器复位及整理实训台		关闭变压器电源和示波器,并整理实训台面和实训室	使仪器、实训台面和实训室整洁有序

友情提示

接线:在连接电源与被测电路和示波器探头与被测点时,要先连接接地端(或者低电位),再连接信号端(或者高电位);在断开时则应先断开信号端(或者高电位),再断开接地端(或者低电位)。

设置:示波器将自动设置垂直、水平和触发控制,使波形显示达到最佳。如需要,可手工调整。

测量:若被测信号小于 100 Hz,波形可能出现闪烁,此时需要将输入耦合方式调至"直流耦合"。

有时,峰峰值、频率等电参量的测量结果在屏幕上的显示会因为被测信号的变化而改变。

【任务练习】

1.使用 DS1072E-EDU 型数字示波器时,如何操作才能获得良好扫描基线,请写出操作步骤及操作方法。

2.某同学在练习利用 DS1072E-EDU 型数字示波器测量一正弦波信号时,发现测量的波形与示波器刻度线不重合,请你帮助他指出该问题的解决办法。

3.如何用 DS1072E-EDU 型数字示波器观察较小的信号?

4.练习用 DS1072E-EDU 型数字示波器测量市电的峰值、有效值和频率?

5.练习用 DS1072E-EDU 型数字示波器测 15 V、3 V、0.2 V、0.02 V 直流电压。

6.某同学在用 DS1072E-EDU 型数字示波器测量过程中,示波器已正常显示出波形,不小心按下"50%"按钮,此时屏上显示的波形是增大还是减小? 请说明简要原因。

任务四　信号发生器的使用

【任务目标】

1.了解 DG1022U 型函数信号发生器面板结构。
2.理解 DG1022U 型函数信号发生器各功能键的作用。
3.掌握函数信号发生器的使用方法。

【任务实施】

一、认识 DG1022U 函数信号发生器

DG1022U 双通道函数信号发生器的外部结构包含：液晶显示屏、功能选择按键、幅度频率调节旋钮、输入输出接口、BNC 线（BNC 同轴线和 BNC 鳄鱼夹线）等，其结构如图 3-8 所示。

1.模式/功能键及功能

DG1022U 型函数信号发生器模式/功能键共有 6 个，其功能见表 3-17。

表 3-17　DG1022U 型函数信号发生器模式/功能键及功能

按键图标	名称	功能
Mod	Mod 按键	使用 Mod 按键，可输出经过调制的波形，并可以通过改变类型、内调制/外调制、深度、频率、调制波等参数，来改变输出波形
Sweep	Sweep 按键	使用 Sweep 按键，对正弦波、方波、锯齿波或任意波形产生扫描（不允许扫描脉冲、噪声和 DC）
Burst	Burst 按键	使用 Burst 按键，可以产生正弦波、方波、锯齿波、脉冲波或任意波形的脉冲串波形输出，噪声只能用于门控脉冲串
Store/Recall	Store/Recall 按键	使用 Store/Recall 按键，存储或调出波形数据和配置信息

续表

按键图标	名称	功能
Utility	Utility 按键	使用 Utility 按键,可以设置同步输出开/关、输出参数、通道耦合、通道复制、频率计测量;查看接口设置、系统设置信息;执行仪器自检和校准(出厂时由专业人员完成)等操作
Help	Help 按键	使用 Help 按键,查看帮助信息,要获得任何前面板按键或菜单按键的帮助信息,按住该键 2~3 s,即可显示相关帮助信息

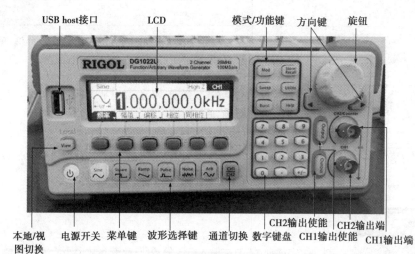

USB host接口　　LCD　　　模式/功能键　方向键　旋钮

本地/视图切换　电源开关　菜单键　波形选择键　通道切换　数字键盘　CH2输出使能　CH1输出使能　CH2输出端　CH1输出端

(a)前面板

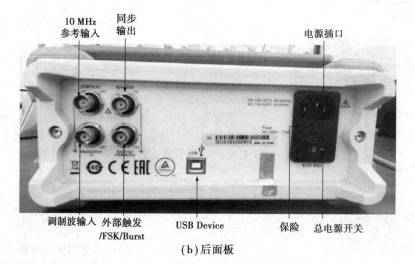

10 MHz参考输入　同步输出　　　电源插口

调制波输入　外部触发/FSK/Burst　USB Device　保险　总电源开关

(b)后面板

图 3-8　函数信号发生器面板结构

2.其他功能键及作用

其他功能键及作用见表3-18。

表3-18　DG1022U型函数信号发生器面板各部分名称及作用

按键图标	名称	功能
	电源开关	在总电源开关闭合时,按下该键,开关点亮,仪器启动进入工作状态
	本地/视图切换(View)	通过前面板左侧的 View 按键实现 3 种显示模式的切换(单通道常规模式、单通道图形模式及双通道常规模式)
	波形选择键	从左至右依次为正弦波、方波、锯齿波、脉冲波、噪声波、任意波,按下对应按键点亮时有效
	菜单键	包括频率/周期、幅值/高电平、偏移/低电平、相位等菜单选项,通过对应按键进行选择
	通道切换按键	用户可通过该键来切换活动通道(CH1/CH2),以便于设定每通道的参数及观察、比较波形
	数字键盘	直接输入需要的数值,改变参数大小
	方向键	用于切换数值的数位、任意波文件/设置文件的存储位置
	旋钮	改变数值大小,在 0~9 改变某一数值大小时,顺时针转一格加1,逆时针转一格减1。用于切换内建波形种类、任意波文件/设置文件的存储位置、文件名输入字符
	输出使能键	使用 Output 按键,启用或禁用前面板的输出连接器输出信号。已按下 Output 键的通道显示"ON"且键灯被点亮。 注意:在频率计模式下,CH2 对应的 Output 连接器作为频率计的信号输入端,CH2 自动关闭,禁用输出

续表

按键图标	名称	功能
	CH1/CH2 输出端	该端口连接 BNC 线,CH2 输出端兼做频率计的信号输入端
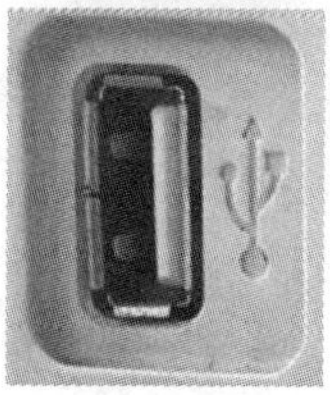	USB Host 接口	可以连接并控制功率放大器(PA),将信号进行放大后输出,或外接存储设备,读取波形配置参数及用户自定义任意波形,升级软件读取调用相应指令

二、DG1022U 型函数信号发生器的使用

1.设置 CH1 通道输出波形

以使用 DG1022U 型函数信号发生器设置从 CH1 通道输出频率为 4 kHz,幅度为 $5~mV_{P-P}$ 的方波为例讲解其操作方法,见表 3-19。

表 3-19　给电路输入正弦波信号操作方法

操作步骤	操作图示	操作要点	操作(或测量)结果
①连接好电源插头及 BNC 线		BNC 线连接至 CH1 输出端时必须旋转到位,电源线与设备连接好,并接通市电	电源线接触良好无松动,BNC 线连接可靠
②按下电源按键	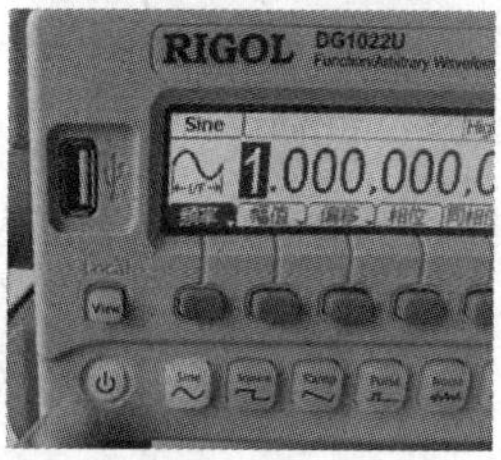	确认仪器后面板电源开关已置于开机位置,按下点亮电源键	仪器进入工作状态

续表

操作步骤	操作图示	操作要点	操作(或测量)结果
③选择通道为CH1		通过输出通道切换键,选择输出通道为CH1	显示屏右上角CH1反色显示
④选择波形类别为方波		按下Square按键,按键点亮,方波选择成功	显示屏左边显示方波波形
⑤设置参数(频率4 kHz、幅度5 mV_{P-P}		数字键盘键入数字"4",单位选择kHz	显示屏显示4 kHz
⑤设置参数(频率4 kHz、幅度5 mV_{P-P}		数字键盘键入数字"5",单位选择mV_{P-P}	显示屏显示5 mV_{P-P}
⑥按View键切换为图形显示模式		按一次View键,界面显示为图形模式	显示屏显示4 kHz、5 mV_{P-P}的方波波形
⑦按下Output信号输出控制键输出方波信号		按下CH1通道Output键,使之点亮	信号从函数信号发生器有效输出

续表

操作步骤	操作图示	操作要点	操作(或测量)结果
⑧整理	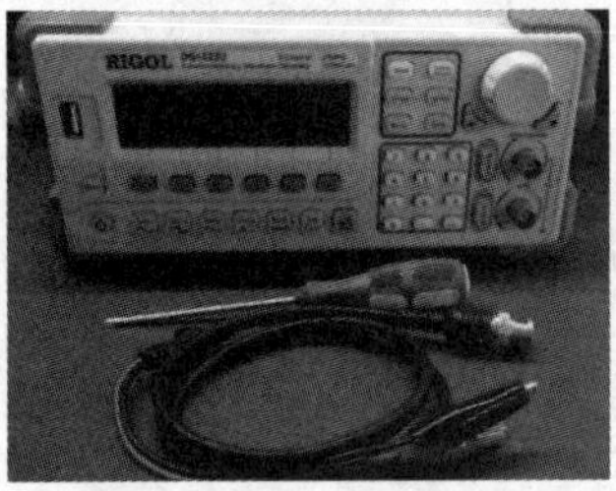	整个实训结束后,按照要求,清洁清理工作台	工作台干净、整洁,设备关机断电

2.设置 CH2 通道输出连续可调波形

以使用 DG1022U 型函数信号发生器完成从 CH2 通道输出频率为 30~50 Hz 连续可调,幅度为 $5V_{P-P}$ 的正弦波的设置为例讲解其操作方法,见表3-20。

表 3-20　为电路输入频率连续可调的正弦波信号操作方法

操作步骤	操作图示	操作要点	操作(或测量)结果
①连接好电源插头及BNC线	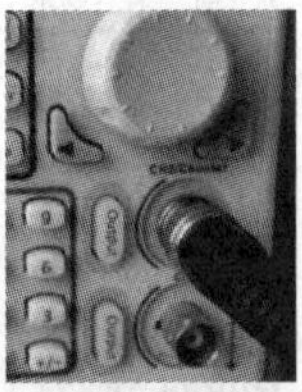	BNC 线连接至 CH2 输出端时必须旋转到位,电源线与设备连接好,并接通市电	电源线接触良好无松动,BNC 线连接可靠
②按下电源按键		确认仪器后面板电源开关已置于开机位置,按下点亮电源键	仪器进入工作状态
③选择通道为 CH2		通过输出通道切换键,选择输出通道为 CH2	显示屏右上角 CH2 反色显示

续表

操作步骤	操作图示	操作要点	操作（或测量）结果
④选择波形类别为正弦波	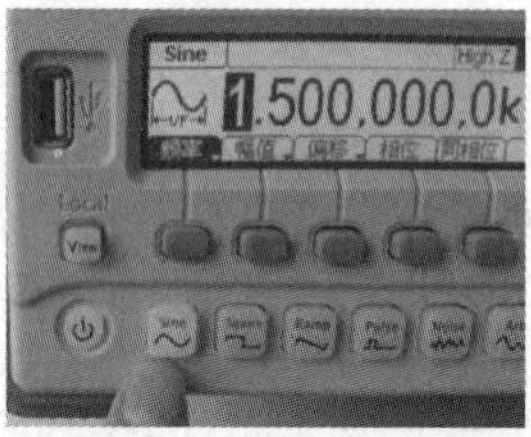	按下 Sine 按键，按键点亮，正弦波选择成功	显示屏左边显示正弦波形
⑤设置参数值（频率 30 Hz、幅度 5 V_{P-P}）		按下幅值软键，使幅值反色显示，数字键盘键入数字"5"，单位选择 V_{P-P}	显示屏显示 30 Hz、5 V_{P-P} 的正弦波形
	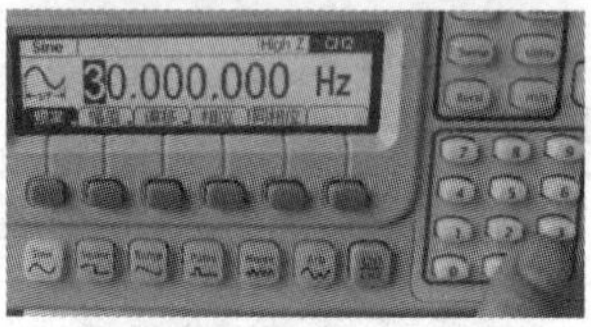	按下频率软键，数字键盘键入数字"30"，单位选择 Hz	
⑥按下 Output 键输出矩形波信号		按下 CH2 通道 Output 键，使之点亮	信号从函数信号发生器 CH2 通道有效输出
⑦ 按 View 键切换为图形显示模式	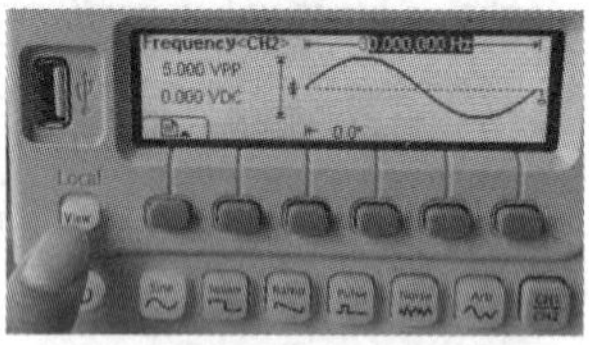	按一次 View 键，界面显示为图形模式	显示屏以图形模式显示波形及参数值
⑧选择连续调节数位		按右选位键，选择个位	个位 0 呈反色显示

续表

操作步骤	操作图示	操作要点	操作(或测量)结果
⑨进1连续调节		向右缓慢调节旋钮	显示屏从 30 Hz 每次加 1 显示输出频率,直到加到 50 Hz 为止,信号连续从 CH2 通道输出
⑩整理		整个实训结束后,按照要求,清洁清理工作台	工作台干净、整洁,设备关机断电

3.使用复制功能输出双通道信号

以使用 DG1022U 型函数信号发生器同时从 CH1、CH2 通道输出频率为 1 kHz,幅度为 4 V_{P-P} 的正弦波的为例讲解其操作方法,见表 3-21。

表 3-21　设置双通道同时输出信号的操作方法

操作步骤	操作图示	操作要点	操作(或测量)结果
①连接好电源插头及 BNC 线		连接好 CH1 和 CH2 通道的 BNC 线,电源线与设备连接好,并接通市电	电源线接触良好无松动,BNC 线连接可靠
②按下电源按键		确认仪器后面板电源开关已置于开机位置,按下点亮电源键	仪器进入工作状态
③设置 CH 通道波形参数	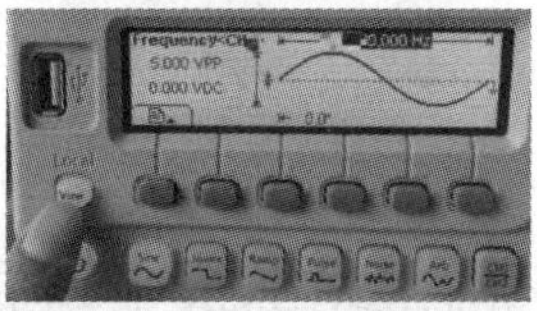	按前述设置方法分别设置: 波形类别为正弦波; 波形参数为 1 kHz,5 V_{P-P}	屏幕显示 CH1 通道为 1 kHz,5 V_{P-P} 的正弦波形
④点亮 Utility 按键		按下并点亮 Utility 键	屏幕显示"耦合"项

续表

操作步骤	操作图示	操作要点	操作(或测量)结果
⑤选择耦合	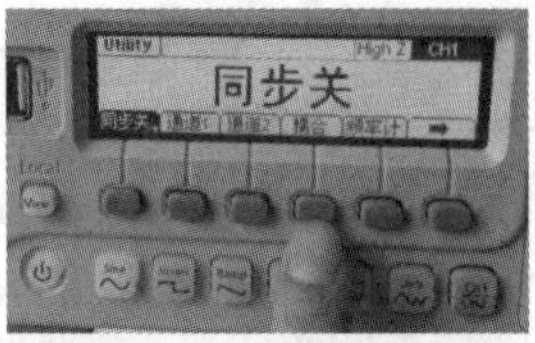	按下耦合对应软键	屏幕显示"复制"项
⑥选择复制		按下复制对应软键	屏幕显示"CH1-CH2""CH2-CH1"
⑦选择 CH1-CH2		按下"CH1-CH2"对应软键	屏幕显示"CH1-CH2"
⑧确定		按下确定对应软键,再次按下并熄灭 Utility 键	CH1 通道参数成功复制到 CH2 通道
⑨按 View 查看参数	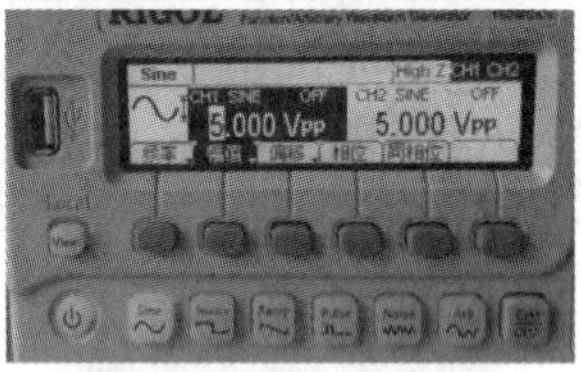	按 View 键切换为双通道显示模式	屏幕显示 CH1、CH2 参数相同
⑩按下 Output 信号输出控制键输出矩形波信号		分别按下 CH1、CH2 通道 Output 键,使之点亮	波形信号双通道输出
⑪示波器观测波形	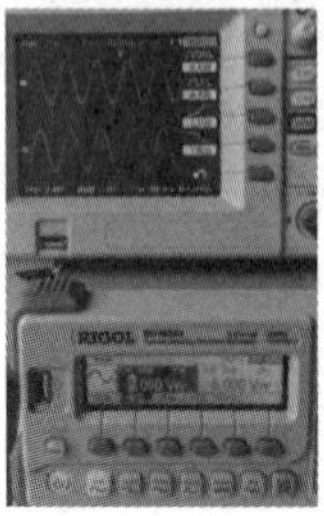	示波器使用详见后续章节	函数信号发生器两个通道分别输出相同参数的波形

续表

操作步骤	操作图示	操作要点	操作(或测量)结果
⑫整理		整个实训结束后,按照要求,清洁清理工作台	工作台干净、整洁,设备关机断电

友情提示

预热:DG1022U型函数信号发生器开机后,预热15 s以上,以便能输出频率稳定的波形。

顺序:先选通道再设值,输出通道要对应,线缆连接要可靠。

选位键:选位键不仅可选择数位(整数位或者小数位),还可选择单位,实现单位递进调节。在图形显示模式下,按"幅值"对应软键选中幅值,按"选位键"选择数位,然后旋转"旋钮",可对幅值进行连续调节。

复制:通道复制须先设置好被复制通道的波形参数,包括幅值、频率、相位等。若需将CH1通道的正弦波复制为数值相同的方波,则需在复制完成后,将屏显通道切换为CH2,然后点亮Square按键即可。

观察:若要观察输出信号波形,可把信号输入到示波器。

【任务练习】

1.判断题

(1)DG1022U型函数信号发生器,接上电源线而未开机前,电源开关按钮会常亮;开机后,电源开关按钮会闪烁。   (   )

(2)DG1022U型函数信号发生器长时间不操作时,屏幕自动关闭,但工作状态不改变,电源开关外的其他按键可唤醒显示屏。   (   )

(3)DG1022U型函数信号发生器可以产生三角波、方波、脉冲、白噪声等。 (   )

2.练习用DG1022U型函数信号发生器同时从CH1、CH2通道输出频率为2 kHz,幅度为3 V_{P-P}的方波信号。

3.练习用DG1022U型函数信号发生器产生AM调制波形,试改变载波或调制波参数,观察信号波形。

任务五　台式万用表的使用（UT802）

【任务目标】

1.了解 UT802 型台式万用表的面板结构及各功能键的作用。

2.掌握 UT802 型台式万用表的使用方法。

3.会使用 UT802 型台式万用表测量电路元器件参数。

【任务实施】

一、认识台式万用表

UT802 型台式万用表的面板结构包含 LCD 显示屏、电源开关、背光控制开关、数据保持开关、表笔插孔、量程转换开关等，如图 3-9 所示，另外还有测试表笔、鳄鱼夹测试线、K 型温度探头、转接插头座、电源适配器等。

其中，LCD 显示器符号见表 3-22，测量功能说明见表 3-23。

表 3-22　LCD 显示器符号

显示屏符号	显示意义	显示屏符号	显示意义
Manu Range	手动量程提示符	AC	交流测量提示符
Warning !	警告提示符	H	保持模式提示符
▭	电池欠压提示符	⊶	二极管测量提示符
⚡	高压提示符	•)))	蜂鸣通断测量提示
▬	显示负的读数	+数字	测量读数值

表 3-23　测量功能说明

量程位置	输入插孔　红←→黑	功能说明
V⎓	4←→3	直流电压测量
V~	4←→3	交流电压测量
Ω	4←→3	电阻测量
⊶ •)))	4←→3	二极管测量/蜂鸣通断测量

续表

量程位置	输入插孔　红←→黑	功能说明
kHz	4←→3	频率测量
A $\overline{\underline{\cdots}}$	2←→3	mA/μA 直流电流测量
	1←→3	A 直流电流测量
A~	2←→3	mA/μA 交流电流测量
	1←→3	A 交流电流测量
F	4←→2（用转接插头座）	电容测量
℃	4←→2（用转接插头座）	温度测量
h_{FE}	4←→2（用转接插头座）	三极管放大倍数测量

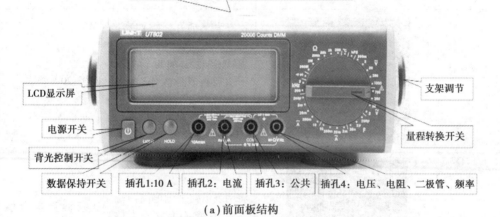

工具箱，并内置保险丝及直流电池位（1.5 V×6）

LCD显示屏

支架调节

电源开关

量程转换开关

背光控制开关

数据保持开关　插孔1:10 A　插孔2：电流　插孔3：公共　插孔4：电压、电阻、二极管、频率

（a）前面板结构

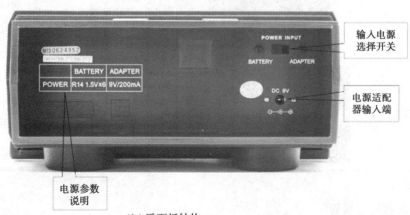

POWER INPUT

输入电源
选择开关

BATTERY　ADAPTER

	BATTERY	ADAPTER
POWER	R14 1.5V×6	9V/200mA

DC 9V

电源适配
器输入端

电源参数
说明

（b）后面板结构

图 3-9　UT802 型台式万用表的面板结构

二、台式万用表的使用

1.测量电阻

UT802 型台式万用表的电阻挡包含 200、2 k、20 k、200 k、2 M、200 M 共 6 个量程,单位欧姆(Ω)。测量时,需根据被测阻值大小,选择合适量程。下面以测量一个 10 kΩ 的电阻为例讲解其操作步骤,见表 3-24。

表 3-24　测量电阻的操作步骤

操作步骤	操作图示	操作要点	操作(或测量)结果
①准备工作		a.调整台式万用表支架,使其正面水平放置; b.正确连接表笔; c.打开电源开关; d.打开背光控制开关(根据光线需要)	准备待用
②选择挡位量程		检查表笔插孔,通过色环标注法预判被测电阻的阻值,选择合适的量程。若不知被测阻值大小时,则从高挡位逐一减挡。此被测电阻的标称阻值为 2 kΩ,因此量程选择 20 k	欧姆:20 k 挡
③测量电阻		将两表笔与被测电阻两端并联,注意不要并入人体电阻。读出测量值1.94 kΩ	正反测量参考值相同
④复位		测量完毕,将万用表量程转换开关拨到交流电压最高挡(750 V),再关闭电源开关	转换开关处于 750 V 挡位,关闭电源开关

2.测量二极管

UT802 型台式万用表配有二极管专用挡,利用二极管的单向导电性通过测量二极管的导通电压来判别二极管的好坏,操作步骤见表 3-25。

表 3-25 测量二极管导通电压操作流程

操作步骤	操作图示	操作要点	操作(或测量)结果
①选择挡位		检查表笔插孔,将万用表转换开关拨到二极管量程处	参考挡位量程:二极管测量挡
②测量二极管		测量正向导通电压时,红表笔接二极管正极,黑表笔接二极管负极	红表笔接二极管正极,黑表笔接二极管负极
③读取数据		根据万用表 LCD 屏显示读取测量值,单位为 mV。	硅管正向导通电压为 0.5~0.7 V,锗管正向导通电压为 0.2~0.3 V
④复位		测量完毕,将万用表量程转换开关拨到交流电压最高挡(750 V),再关闭电源开关	转换开关处于 750 V 挡位,关闭电源

3.测量三极管的放大倍数

UT802 型台式万用表配有三极管专用挡(h_{FE}挡),利用三极管具有电流放大作用的原理通过测量其放大倍数 β 来判别其好坏和引脚,操作步骤见表 3-26。

表 3-26 测量三极管放大倍数操作流程

操作步骤	操作图示	操作要点	操作(或测量)结果
①选择挡位		将万用表转换开关拨到三极管量程处,并正确连接转接头	参考挡位量程:h_{FE}

续表

操作步骤	操作图示	操作要点	操作(或测量)结果
②检测管型与放大倍数		将三极管三只引脚分别放入转接头的"N"和"P"接触点并切换方向。观察LCD屏显示,有数字时三极管为对应管型(图示以9013为例,该管为NPN)	LCD屏显示的两个数值,三极管的放大倍数以大值为准
③判断极性		将三极管三引脚分别放置于对应管型下方"E、B、C"接触点,当LCD屏显示值与放大倍数相同时,各引脚为对应极性正确	9013引脚排列为E、B、C
④复位		测量完毕,将万用表量程转换开关拨到交流电压最高挡(750 V),再关闭电源开关	转换开关处于750 V挡位,关闭电源

4.测量交流电压

台式万用表交流电压挡包含 2 V、20 V、200 V、750 V 共 4 个量程。读数方法:测量值＝显示值+单位(LCD屏右下方),下面以测量电源电路输入的 12 V 交流电压为例讲解其测量操作步骤,见表 3-27。

表 3-27　测量电路中交流电压的操作步骤

操作步骤	操作图示	操作要点	操作(或测量)结果
①选择挡位		检查表笔插孔,根据电路中被测对象为交流电压6 V,将万用表转换开关拨到交流电压挡合适量程处	参考挡位量程:AC 20V

续表

操作步骤	操作图示	操作要点	操作(或测量)结果
②测量交流电压		将万用表两表笔并接在被测变压器二次侧两端(注意:检测时交流电没有极性之分)	两表笔任意接二次绕组两端
③读取数据		根据LCD屏显示进行读取交流电压测量值6.5 V	参考交流电压值:6 V
④复位		测量完毕,将万用表量程转换开关拨到交流电压最高挡(750 V),再关闭电源开关	转换开关处于750 V挡位,关闭电源

5.测量直流电压

台式万用表直流电压挡包含200 mV、2 V、20 V、200 V、1 000 V共5个量程。读数方法:测量值=显示值+单位(LCD屏右下方),下面以测量直流稳压电源输出的7.7 V直流电压为例讲解其测量操作步骤,见表3-28。

操作说明:

①万用表两表笔并联在被测电路中。

②红表笔接电源正极,黑表笔接电源负极。

③测量未知电压值时,应从高量程挡位开始逐渐降低挡位测量,换挡前先断开被测点。

表3-28 测量电路中直流电压的操作步骤

操作步骤	操作图示	操作要点	操作(或测量)结果
①选择挡位		检查表笔插孔,根据电路中被测对象,将万用表转换开关拨到直流电压挡合适量程处	参考量程:直流电压DC20 V挡

续表

操作步骤	操作图示	操作要点	操作(或测量)结果
②测量电压		将万用表黑表笔与电源中的黑端口相接,红表笔与红端口相接(注意:若表笔接反将会在数字前方显示"−",无须交换表笔)	红表笔接"+",黑表笔接"−"
③读取数据		根据万用表 LCD 屏显示读取直流电压测量值 7.76 V(注意:如被测电压有波动不稳定可按下 HOLD 键保持后再读数)	参考直流电压值:7.7 V
④复位		测量完毕,将万用表量程转换开关拨到交流电压最高挡(750 V),再关闭电源开关	转换开关处于 750 V 挡位,关闭电源

6.测量直流电流

台式万用表直流电流挡包含 200 μA、2 mA、20 mA、200 mA、10 A 共 5 个量程。读数方法:测量值=显示值+单位(LCD 屏右下方),下面以测量某电路工作电流为例讲解其测量操作步骤,见表 3-29。

操作说明:

①台式万用表串联在被测电路中。

②红表笔接电流流入方向(高电位端),黑表笔接电流流出方向(低电位端)。

③测量未知电流值时,应从高量程挡位开始逐渐降低挡位测量,换挡前先断开被测点。

④如被测电流值过大时,应将红表笔接入 10 A 插孔。

表 3-29　测量电路中直流电流的操作步骤

操作步骤	操作图示	操作要点	操作(或测量)结果
①插好表笔插孔		黑表笔接 COM,红表笔接电流插孔,测量小电流选用 200 mA 插孔,测量大电流选用 10 A 插孔	黑表笔接 COM,红表笔接 200 mA 电流插孔

续表

操作步骤	操作图示	操作要点	操作(或测量)结果
②选择挡位		根据电路中被测对象将万用表转换开关拨到直流电流挡合适量程处	参考量程:直流电流20 mA挡
③测量电流		断开被测电路电源正极,将万用表串入被测点,红表笔接高电位,黑表笔接低电位	高电位连红表笔,低电位连黑表笔
④读取数据		根据万用表LCD屏显示值读取直流电流的测量值	参考电流:34.9 mA
⑤复位		测量完毕,将万用表量程转换开关拨到交流电压最高挡(750 V),再关闭电源开关	转换开关处于750 V挡位,关闭电源

友情提示

性能比较:台式万用表主要用于设计人员工作台或自动化系统测试机架中,其灵敏度、准确度、宽量程、最大功能、测量速度、连接PC等更为重要。台式万用表与手持式数字万用表的特性和功能差异较大,二者最基本的使用方法大致相同。

使用技巧:根据对象选挡位,根据大小选量程;测量电压并联接,测量电流串联接;交流不分正与负,直流正负不能错;换挡之前先断电,测量安全记心间。

【任务练习】

1.判断题

(1)UT802台式万用表可用于交直流电压、交直流电流、电阻,频率、电容、℃、三极管h_{FE}、二极管和蜂鸣电路通断等测量。　　　　　　　　　　　　　　(　　)

（2）台式万用表与便携式万用表的工作原理完全一样,二者的使用方法基本一致。

    （　　）

（3）UT802 台式万用表测量交流电源,测量显示值为有效值;测量电路通断时,从显示器上能直接读出被测电路负载的电阻值,单位为 Ω。　　　　　　　　　　　（　　）

（4）UT802 台式万用表测量 50 英寸液晶显电视机的工作电流时,黑表笔接 COM,红表笔接 200 mA 电流插孔。　　　　　　　　　　　　　　　　　　　　　　（　　）

2.UT802 台式万用表显示屏上的"Manual Range"是什么含义？

3.UT802 台式万用表量程开关置于"F",用于什么测量？

4.利用 UT802 台式万用表在路测量电阻,有哪些注意事项？

项目四

常用元器件的识别与检测

【项目导读】

电子制作常用电子元器件主要有无源器件(包括电阻器、电容器、电位器、电感器、变压器、晶振等)、有源器件(包括二极管、三极管、单/双向晶闸管、三端稳压器、集成电路等)、电声器件(包括扬声器、蜂鸣器、话筒等)、光电器件(包括发光二极管、七段数码管、光电耦合器等)、传感器件(包括光敏、热敏、磁敏、压敏等)和机电器件(包括接插件、按键、直流继电器等)六大类。考试大纲要求能正确判别常用电子元器件主要标称参数、极性、引脚顺序与作用;根据电路图正确筛选元器件;用万用表测试常用电子元器件的参数并判断其好坏。

任务一 电阻器的识别与检测

【任务目标】

1.能用目视法判断识别各类电阻器,对电阻器上标识的主要参数能正确识读。
2.会使用万用表对常用电阻器和电位器进行测量,并能正确判断其质量的好坏。

【任务分解】

一、认识电阻器

电阻器从结构上看,可分为固定电阻、可变电阻、电位器三大类,其外形差异较大,识别时请注意观察各类电阻器的外形特征。如图 4-1 所示为常用电阻器的实物图。

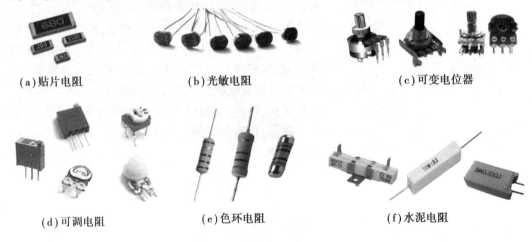

(a)贴片电阻　　　　(b)光敏电阻　　　　(c)可变电位器

(d)可调电阻　　　　(e)色环电阻　　　　(f)水泥电阻

图 4-1　常用电阻器实物图

二、知道电阻器的主要参数

固定电阻器的主要参数有标称阻值、允许误差和额定功率。

1.标称阻值与允许误差

电阻器上所标注的阻值称为标称阻值。电阻器上的标称阻值是按照国家规定的阻值系列标注的。

电阻器的实际阻值和标称阻值之差除以标称阻值所得到的百分数,称为电阻器的允许误差。电阻允许误差等级有±1%、±5%、±10%、±20%等。

电阻器的标称阻值和允许误差标注在电阻器表面上,最常用的标注方法有直标法和色标法。

（1）直标法

直接将电阻的标称阻值和允许误差用阿拉伯数字和单位符号印刷在电阻器表面上。允许误差的标注方法有百分数法和字母法，二者的含义是一致的。如图4-2(a)所示，该电阻器的标称阻值为6.8 kΩ，允许误差为±5%，图4-2(b)为贴片电阻。

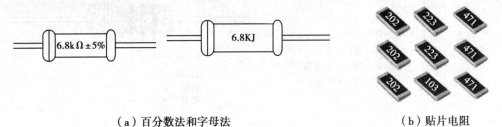

（a）百分数法和字母法　　　　　　　　　　　（b）贴片电阻

图4-2　直标法

（2）色环法

对于体积较小电阻器的标注，国际上广泛采用色环标注法。色环标注法有4环和5环两种。每道色环规定有相应的意义（表4-1），可以根据规定的意义来计算每个电阻的阻值。

表4-1　色环的含义

颜色	第一条	第二条	第三条	倍数	误差	
黑色	0	0	0	1		
棕色	1	1	1	10	±1%	F
红色	2	2	2	100	±2%	G
橙色	3	3	3	1 k		
黄色	4	4	4	10 k		
绿色	5	5	5	100 k	±0.5%	D
蓝色	6	6	6	1 M	±0.25%	C
紫色	7	7	7	10 M	±0.10%	B
灰色	8	8	8		±0.05%	A
白色	9	9	9			
金色				0.1	±5%	J
银色				0.01	±10%	K
无					±20%	M

四色环法(图4-3):前面两环为有效数,第三环为倍率,单位为 Ω,第 4 环代表误差(常见为金色误差或银色)。例如,某电阻的色环依次为"红、红、黑、银"则该电阻值为 22 Ω,误差为±10%。

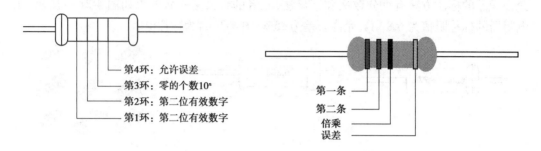

第4环:允许误差
第3环:零的个数10^n
第2环:第二位有效数字
第1环:第二位有效数字

第一条
第二条
倍乘
误差

图 4-3　四色环法

五色环法(图4-4):前面三环为有效数,第四环为倍率,单位为 Ω,第五环代表误差(常为棕色±1%误差)。例如,某电阻的色环依次为"黄、紫、黑、黄、棕",则该电阻的阻值为 4 700 kΩ 误差为±1%。

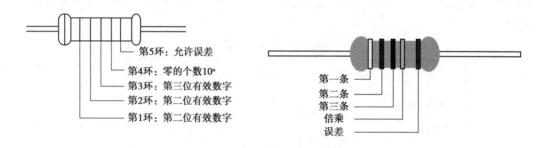

第5环:允许误差
第4环:零的个数10^n
第3环:第三位有效数字
第2环:第二位有效数字
第1环:第二位有效数字

第一条
第二条
第三条
倍乘
误差

图 4-4　五色环法

在用色环法标注电阻时,五色环的电阻误差较小,最后一道色环一般用"棕色",在万用表中常用五色环电阻;而四色环电阻误差较大一些,最后一道色环一般用"金色"或"银色"。在识别色环电阻时,最好先找到最后一条,然后确定顺序,根据有效数字,得出色环电阻的大小。

2.电阻的额定功率

电阻长时间连续工作允许消耗的最大功率叫做额定功率。电阻额定功率常用的有 1/8 W、1/4 W、1/2 W、1 W、2 W、3 W、5 W、10 W、20 W 等。常用功率电阻器在电路图中的标注功率的符号,如图4-5 所示。

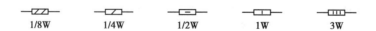

1/8W　　1/4W　　1/2W　　1W　　3W

图 4-5　电阻器标注功率表示法

在电子制作中,常用电阻器一般为 1/8 W。

三、了解特殊电阻元件

1.熔断电阻器

熔断电阻器又称为保险丝电阻,是一种具有电阻和保险丝双重功能的元件。熔断电阻器的底色大多为灰色,用色环或数字表示其电阻值。如图4-6所示为几种熔断电阻器的外形。

图4-6　熔断电阻器的外形

2.敏感电阻器

敏感电阻器是指对温度、湿度、电压、光通量、气体流量、磁通量和机械力等外界因素表现比较敏感的电阻器。这些电阻器既可以作为把非电量变为电信号的传感器,也可以完成自动控制电路的某些功能。

常用的敏感电阻器有热敏电阻器、压敏电阻器、光敏电阻器和湿敏电阻器,如图4-7所示。

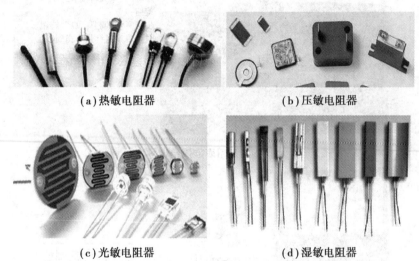

(a)热敏电阻器　　　　　(b)压敏电阻器

(c)光敏电阻器　　　　　(d)湿敏电阻器

图4-7　常用敏感电阻器

四、检测电阻器

(1)选挡

选择合适的量程,使万用表指针尽量指到刻度的中部或偏右,如图4-8所示。

(2)调零

红黑表笔短路,调节欧姆调零旋钮,使指针向右偏转指到0刻度线,如图4-9所示。

(3)测量

红黑表笔与被测元件脚接触良好后,再进行测量,如图4-10所示。

图 4-8　万用表欧姆挡量程

步骤1：两支表笔短接；
步骤2：左或右调节："Ω"
旋钮；
步骤3：在调节"Ω"旋钮
时，观察指针是否指到0刻
度线上

图 4-9　万用表欧姆挡调零

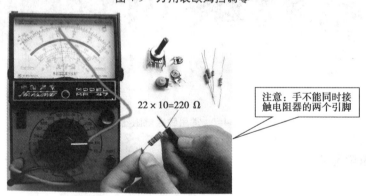

$22 \times 10 = 220 \ \Omega$

注意：手不能同时接
触电阻器的两个引脚

图 4-10　万用表欧姆挡测量电阻读数方法

（4）读数

根据指针所指的刻度和所选用的量程，计算读出电阻的阻值。阻值＝刻度×量程（图
4-10）。

五、学会检测可变电阻

选择万用表欧姆挡的适当量程,先测量两个定片之间的电阻,此时为标称阻值(最大阻值);再用一支表笔接动片一支表笔接某一个定片,顺时针或逆时针缓慢旋转动片,此时表针应从 0 Ω 连续变化到标称阻值。同样方法再测量另一个定片与动片之间的阻值变化情况,测量方法和测量结果应相同。这样,说明可调电阻器是好的,否则可调电阻已经损坏,如图 4-11 所示。

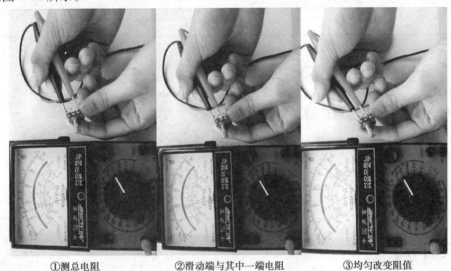

①测总电阻　　　　　②滑动端与其中一端电阻　　　　　③均匀改变阻值

图 4-11　万用表检测可变电阻器

【任务练习】

1.在实训室中任意找一块电路板,识别电路板上的电阻器类别、阻值大小及允许误差、功率大小,识别结果填入表 4-2 中。

表 4-2　固定电阻器识别记录表

序号	电阻类别	阻值标注方法	标称阻值	允许误差	误差表示方法	功率大小
1						
2						
3						
4						

2.用万用表分别检测四色环电阻、五色环电阻、水泥电阻、热敏电阻、压敏电阻,将测量结果填入表 4-3 中。

表4-3   固定电阻器检测记录表

序号	电阻类别	标称阻值	实际测量值	标称阻值误差	实际阻值误差
1					
2					
3					
4					
5					

3.写出下列电阻器的标称阻值和允许误差。

102 k   4R7   223 J   68

红黄棕金   橙白棕银   紫红棕红绿

任务二   电容器的识别与检测

【任务目标】

1.能正确识读电容器上标识的主要参数。

2.会使用万用表对电容进行检测,并能正确判断其质量的好坏。

【任务分解】

一、认识电容器

1.电容器的结构及分类

电容器是由两个相互绝缘的极板形成的一个整体,具有存储电荷功能。电容的种类很多,按结构形式来分,有固定电容、半可变电容、可变电容等;按有无极性分,可分为有极电容(平时所说的电解电容)和无极电容(瓷片电容和涤纶电容等)两类。

注意:有极电容的引脚有正负之分,而无极电容的引脚没有正负之分。如图4-12所示为一些常见的电容器的实物图。

2.几种常见电容

电容器通常还可从介质材料上进行类型区分,可以分为CBB电容(聚丙烯)、涤纶电容、瓷片电容、云母电容、独石电容、(铝)电解电容、钽电容等。下面是各种电容的优缺点。

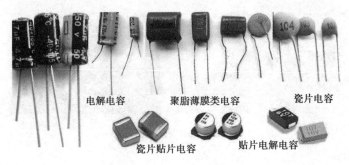

电解电容　　聚脂薄膜类电容　　瓷片电容

瓷片贴片电容　　贴片电解电容

图 4-12　常见电容器

（1）聚丙烯电容器（CBB 电容）

聚丙烯电容器是无极电容，由 2 层聚丙乙烯塑料和 2 层金属箔交替夹杂然后捆绑而成，如图 4-13 所示。其电容量为 1 000 pF～10 μF，额定电压为 63～2 000 V。

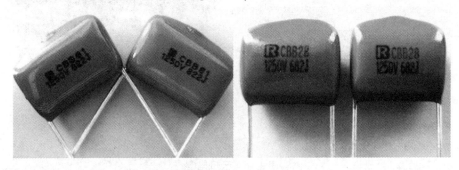

图 4-13　聚丙烯电容

优点：高频特性好，体积较小（代替大部分聚苯或云母电容，用于要求较高的电路）。

缺点：容量较小，耐热性能较差（温度系数大）。

（2）瓷片电容

瓷片电容是无极电容，薄瓷片两面镀金属银膜而成，如图 4-14 所示。

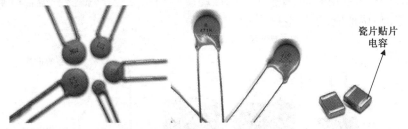

瓷片贴片电容

图 4-14　瓷片电容

优点：体积小，性能稳定，绝缘性好，耐压高，频率高（有一种是高频电容）。

缺点：易碎，容量比较小。

（3）独石电容（别称多层陶瓷电容器）

独石电容属于无极电容，如图 4-15 所示。

优点：电容量大、体积小、频率特性好、可靠性高、电容量稳定、耐高温、绝缘性好，容量范围是 10 pF～10 μF。

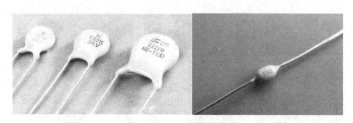

图 4-15　独石电容

缺点:有电感。

(4)云母电容

云母电容是无极电容,上镀两层金属薄膜,如图 4-16 所示。

(a)旧款　　　　　　　　(b)新款

图 4-16　云母电容

优点:介质损耗小,绝缘电阻大、温度系数小,适宜用于高频电路。

缺点:体积大,容量小,造价高[图 4-16(a)是旧款的电容,体积大;图 4-16(b)是新款的电容,体积小]。

(5)铝电容(铝电解电容)

铝电容是有极性电容,两片铝带和两层绝缘膜相互层叠,转捆后浸泡在电解液(含酸性的合成溶液)中形成,如图 4-17 所示。

图 4-17　铝电容

优点:容量大。

缺点:高频特性不好。

（6）钽电容（钽电解电容）

钽电容是有极电容，用金属钽作为正极，在电解质外喷上金属作为负极，如图 4-18 所示。

正极

图 4-18　钽电容

优点：稳定性好，容量大，高频特性好。

缺点：造价高。

3.电容类型及材料的标注

电容的种类很多，为了区别开来，常用拉丁字母来表示电容的类别，如图 4-19 所示。第一个字母 C 表示电容，第二个字母表示介质材料，第三个字母以后表示形状、结构等。

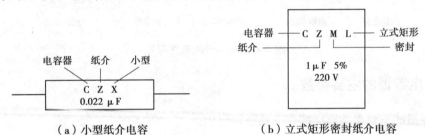

（a）小型纸介电容　　　　　（b）立式矩形密封纸介电容

图 4-19　电容标注字母

电容标注字母含义见表 4-4。

表 4-4　电容标注字母的含义

顺序	类别	名称	简称	符号
第一个字母	主称	电容器	电容	C
第二个字母	介质材料	纸质	纸	Z
		电解	电	D
		云母	云	Y
		高频瓷介	瓷	C
		低频瓷介		T
		金属化纸介		J

续表

顺序	类别	名称	简称	符号
第二个字母	介质材料	聚苯乙烯有机薄膜		B
		涤纶有机薄膜		L
第三个及以后字母	形状	管状	管	G
		立式矩形	立	L
		圆片状	圆	Y
	结构	密封	密	M
	大小	小型	小	X

4.电容器的图形符号（图4-20）

一般电容　　电解电容　　可变电容　　半可变电容　　双联电容

图4-20　电容器的电气符号

二、电容器的主要参数

电容器的主要参数有标称容量及额定耐压。

1.电容器的容量标注方法

标称容量用于反映电容器加电后储存电荷的能力或储存电荷的多少。电容器的标称容量和它的实际容量之间也会有误差。电容器的容量标注方法有直标法、数字表示法、数码表示法等。

（1）直标法

直标法是将电容器的标称容量及允许误差等直接标在电容器外壳上的标注方法。如图4-21所示，这是一只电解电容，在电容上标出其容量为22 μF,耐压为400 V,以及电容的正、负极。

（2）数字表示法

数字表示法是只用数字而不标单位的直接表示法,一般不在电解电容上标注。所标数字小于零时的单位一般为 μF,大于零时的单位一般是 PF（图4-22）。

如普通电容上标注的"4700""120""12"分别表示"4 700 pF""120 pF""12 pF"。

如普通电容上标注的"0.47"".15"分别表示"0.47 μF""0.15 μF"。

图 4-21　直标法

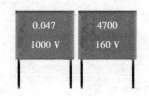

图 4-22　数字表示法

（3）数码表示法

数码表示法通常为三位数，从左算起，第一、第二位数字为有效数字位，表示电容容量的有效数字，第三位数字为倍率数，表示有效数字后面加零的个数，单位均为"pF"。例如，电容上标注的"472""103"，它表示电容的容量分别为"4 700 pF"和"10 000 pF"。

在瓷片或聚脂类电容中，有时用"n"来表示电容单位为 nF，但此单位一般换算成 pF使用。因此，"n"在末尾时表示末尾有 3 个零，在中间时表示末尾有 2 个零，其单位仍然使用皮法。例如，电容上标注"56n""10n""4n7"，它们的容量大小分别是"56 000 pF""10 000 pF""4 700 pF"。

在标注普通电容的容量时，一只电容有多种标注方法。例如，0.004 7 μF 可以标注为"472""4n7""4700"".0047"等，如图 4-23 所示分别为 4 700 pF 和 10 000 pF 两只电容容量的标注。

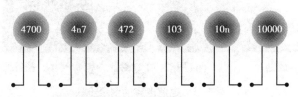

图 4-23　数码标注法

2.电容器的额定耐压

电容长期可靠地工作，它能承受的最大直流电压，叫做电容的耐压，也称为电容的直流工作电压。如果在交流电路中，要注意所加的交流电压最大值不能超过电容的直流工作电压值。

电容器的耐压通常有 6.3 V、10 V、16 V、25 V、63 V、100 V、160 V、400 V、630 V、1 000 V等。

陶瓷贴片电容器的容量及额定电压范围如图 4-24 所示。

在选用电容器时，耐压要求必须满足。

三、检测电容器

1.用万用表电阻挡检查电解电容器的好坏

电解电容器的两根引线有正、负之分，在检查它的好坏时，检查耐压较低的电解电容器（6 V 或 10 V）时，电阻挡应放在 $R\times100$ 或 $R\times1$ k 挡，把红表笔接电容器的负端，黑表笔接正端，这时万用表指针将摆动，然后恢复到零位或零位附近。这表示电解电容器是好

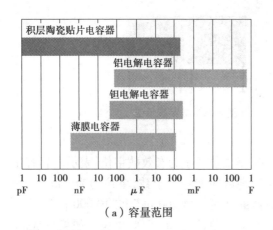

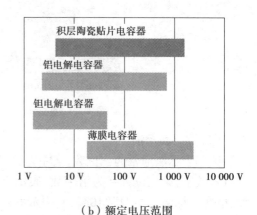

（a）容量范围　　　　　　　　　　（b）额定电压范围

图 4-24　陶瓷贴片电容器的容量和额定电压范围

的。电解电容器的容量越大,充电时间越长,指针摆动得也越慢,测试过程如图 4-25 所示。

（a）电解电容放电　　　（b）用 $R \times 10\ \Omega$ 测量　　　（c）指针回到无穷大

图 4-25　电解电容的测量步骤

2.用万用表电阻挡粗略鉴别 5 000 pF 以上容量无极电容的好坏

用万用表电阻挡可大致鉴别 5 000 pF 以上电容器的好坏。检查时选择 $R\times1$ k 挡,将两表笔分别与电容器两端接触,这时指针快速的摆动一下然后复原;反向连接,摆动的幅度比第一次更大,而后又复原。这表示电容器是好的。电容器的容量越大,测量时电表指针摆动越大,指针复原的时间也较长,可以根据电表指针摆动的大小来比较两个电容器容量的大小,如图 4-26 所示。

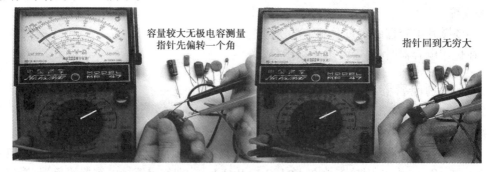

图 4-26　容量较大的无极性电容的检测

3.用电阻挡粗略鉴别 5 000 pF 以下容量无极电容的好坏

用万用表电阻挡测量 5 000 pF 以下电容器时,一般选用 $R×10$ k 挡,此时指针几乎不偏转,如发生偏转,电容已损坏,如图 4-27 所示。

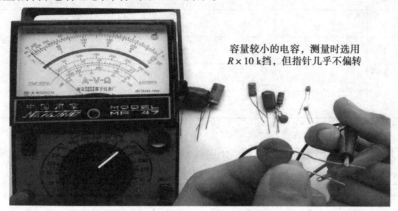

容量较小的电容,测量时选用 $R×10$ k挡,但指针几乎不偏转

图 4-27　容量较小的无极电容检测

4.用万用表检查可变电容器

可变电容有一组定片和一组动片,用万用表电阻挡可检查它动、定片之间有否碰片。用红、黑表笔分别接动片和定片,旋转轴柄,电表指针不动,说明动、定片之间无短路(碰片)处;若指针摆动,说明电容器有短路的地方,可变电容就坏了,如图 4-28 所示。

指针没偏转,不短路

图 4-28　可变电容短路检测

【任务练习】

1.在实训室中准备不同和种类的电容,把识别结果填入表 4-5 中。

表 4-5　电容识别记录表

序号	电容类别(介质)	容量标注数值	电容容量大小/C	电容耐压/V
1				

续表

序号	电容类别(介质)	容量标注数值	电容容量大小/C	电容耐压/V
2				
3				
4				
5				
6				

2.用万用表分别检测电解电容、涤纶电容、瓷片电容等的电阻阻值,填入表4-6中。

表4-6　电容器检测记录表

序号	电容类别(介质)	电容容量大小/C	电阻大小/Ω	万用表选择量程
1				
2				
3				
4				
5				
6				

任务三　电感器与变压器的识别与检测

【任务目标】

1.能正确识别常用电感器和变压器。

2.会使用万用表对电感、变压器进行检测,并能正确判断其质量的好坏。

【任务分解】

一、认识电感器

电感器也叫电感或电感线圈,它是利用电磁感应原理制成的元件,在电路中起阻止交流、通直流、变压、谐振、阻抗变换等作用。常用电感器的外形如图4-29所示。

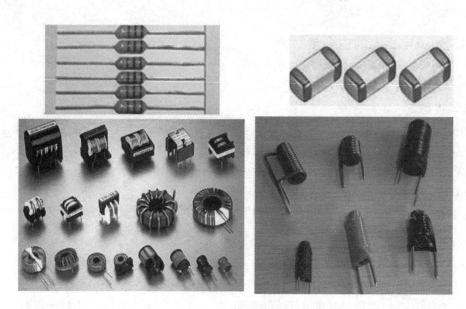

图 4-29　常用电感器

用电感线圈还可以构成变压器、中周等特殊元件,其外形如图 4-30 所示。

图 4-30　中周及变压器

在电路中,电感器的图形符号如图 4-31 所示。

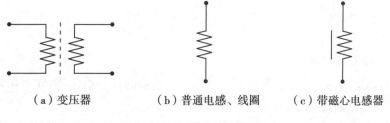

（a）变压器　　　　　（b）普通电感、线圈　　　（c）带磁心电感器

图 4-31　电感器的图形符号

二、知道电感器的主要参数

1.电感线圈的主要参数

（1）电感量

电感量 L 表示线圈本身固有特性，与电流大小无关。除专门的电感线圈（色码电感）外，电感量一般不专门标注在线圈上，而以特定的名称标注。

（2）感抗

电感线圈对交流电流阻碍作用的大小称感抗，单位是 Ω。

（3）额定电流

额定电流是指可以流过电感器的最大电流。

2.变压器的主要参数

（1）变压比（匝数比）

在忽略铁芯、线圈损耗的前提下，变压器的输入电压与输出电压之比和变压器的一次线圈匝数与二次线圈匝数之比是相等的，即电压比等于匝数比。

（2）额定功率

额定功率是指在规定的频率和电压下，变压器正常工作时所能够输出的最大功率。

三、电感器的主要作用

1.电感线圈有阻交通直的性质

电感线圈具有阻碍交流电流的性质，交流电流的频率越大，电感线圈的阻碍能力越强。利用它的这个性质，在电路中电感线圈常用于电源滤波，阻止波纹电压经过。

2.信号的耦合和变压作用

利用线圈的互感，电感线圈在电路中可以对交流信号（不能是直流信号）进行耦合和变压。

3.选频特性

电感线圈和电容一起，能形成振荡电路，可以对信号进行选频。

四、检测电感器

1.色码电感器的检测

将万用表置于 $R×1$ 挡，红、黑表笔各接色码电感器的任一引出端，此时指针应向右摆动。根据测出的电阻值大小，可进行以下鉴别。

①测得电阻值为零，说明其内部有短路性故障（有时阻值很小，电感也是正常的）。

②只要能测出电阻值，则判定被测色码电感器是正常的，如图4-32所示。

检测 $R \times 1$ 欧挡好坏　　　　　　　　　　　$R \times 1$ 欧挡检测电感

图 4-32　电感的检测

2.中周变压器的检测

（1）绕组的检测

将万用表拨至 $R \times 1$ 挡,按照中周变压器的各绕组引脚排列规律,逐一检查各绕组的通断情况,进而判断其是否正常,如图 4-33 所示。

两脚绕组导通　　　　　　　　　　　　两脚不导通

图 4-33　绕组的检测

（2）检测绝缘性能

如图 4-34 所示,将万用表置于 $R \times 10$ k 挡,做如下几种状态测试。

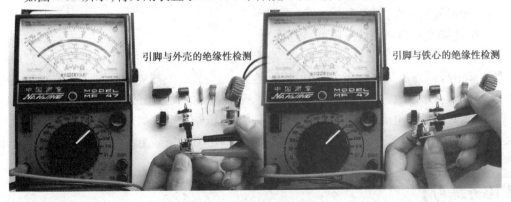

引脚与外壳的绝缘性检测　　　　　　引脚与铁心的绝缘性检测

图 4-34　绝缘性能的检测

①一次绕组与二次绕组之间的电阻值；

②一次绕组与外壳之间的电阻值；

③二次绕组与外壳之间的电阻值。

上述测试结果，可能会出现以下三种情况：

①阻值为无穷大，说明正常；

②阻值为零，说明有短路性故障；

③阻值小于无穷大，但大于零，说明有漏电性故障。

3.用电阻法检测电源变压器

（1）外观检查

通过观察变压器的检查其是否有明显异常现象，如线圈引线是否断裂、脱焊，绝缘材料是否有烧焦痕迹，铁芯紧固螺杆是否有松动，硅钢片有无锈蚀，绕组线圈是否有外露等。

（2）判别一、二次线圈

电源变压器一次引脚和二次引脚一般都是分别从两侧引出的，并且一次绕组大多标有 220 V 字样，二次绕组则标出额定电压值，如 15 V、24 V、35 V 等。再根据这些标记进行识别。

（3）线圈通断检测

将万用表置于 $R×1$ 挡，各个绕组均应有一定的电阻值，若某个绕组的电阻值为无穷大，则说明该绕组有断路故障。

（4）绝缘性测试

用万用表 $R×10$ k 挡分别测量铁芯与一次绕组，一次绕组与二次绕组，铁芯与二次绕组，静电屏蔽层与一次、二次各绕组间的电阻值，万用表指针均应指在无穷大位置不动。否则，说明变压器绝缘性能不良。

（5）空载电流的检测

将二次所有绕组全部开路，把万用表置于交流电流 500 mA 挡，串入一次绕组中。当一次绕组接入 220 V 交流电时，万用表所指示的电流便是空载电流值。此值不应大于变压器满载电流的 10%～20%。一般常见电子设备电源变压器的正常空载电流应在 100 mA 左右。如果超出太多，则说明变压器有短路故障。

（6）电源变压器短路性故障的综合检测判别

电源变压器发生短路性故障后的主要症状是发热严重和二次绕组输出电压失常。通常，线圈内部匝间短路点越多，短路电流就越大，而变压器发热就越严重。检测判断电源变压器是否有短路故障的简单方法是测量空载电流。存在短路故障的变压器，其空载电流值将远大于满载电流的 10%。当短路严重时，变压器在空载加电后几十秒钟之内便会迅速发热，用手触摸铁芯会有烫手的感觉。此时不用测量空载电流便可断定变压器有短路故障存在。

【任务练习】

1.在实训室中准备不同种类的电感、中周变压器及变压器，把识别结果填入表4-7中。

表 4-7　识别记录表

序号	类别(电感、中周变压器、变压器)	作用
1		
2		
3		
4		
5		
6		

2.用万用表分别检测电感、中周变压器及变压器,并在表 4-8 中作好记录。

表 4-8　电感、中周及变压器检测记录表

序号	类别(电感、中周变压器、变压器)	检测结果记录
1		
2		
3		
4		
5		
6		

任务四　二极管的识别与检测

【任务目标】

1.能正确识别不同类型的二极管,并能够分清其正负电极。

2.会使用万用表对二极管进行检测,并能正确判断其正负电极与质量的好坏。

【任务分解】

一、认识二极管

1.二极管的结构及类型

二极管是在 PN 结芯片的 P 区和 N 区加上相应的电极引线,P 区引出的电极为二极管的正极,N 区的引出的电极为二极管的负极,再用外壳封装,就构成了晶体二极管,简称二极管。二极管通常用塑料、玻璃或金属材料作为封装外壳。

按用途分,二极管有整流二极管、检波二极管、发光二极管、光电二极管等,其外形如图 4-35 所示。

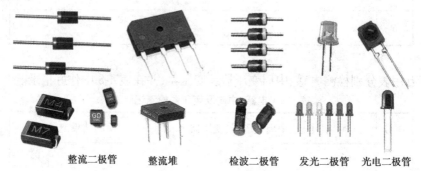

整流二极管   整流堆   检波二极管   发光二极管   光电二极管

图 4-35   二极管的实物外形图

2.二极管引脚极性识别和图形符号

二极管的正、负引脚通常在它的外壳上都有标志,一般分为 4 种情况(图 4-36):一是用二极管的图形符号标注;二是用色环标注(有色环端为负极);三是用色点标注(有色点的端为正极);四是引脚长短不同(如发光二极管长脚为正极)。

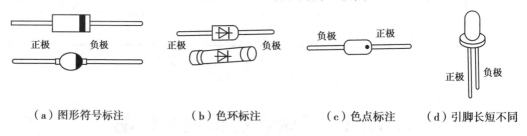

(a)图形符号标注   (b)色环标注   (c)色点标注   (d)引脚长短不同

图 4-36   二极管引脚极性的识别

在电路中,二极管的符号如图 4-37 所示。

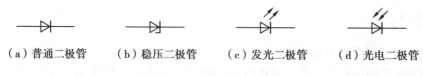

(a)普通二极管   (b)稳压二极管   (c)发光二极管   (d)光电二极管

图 4-37   二极管的图形符号

3.大功率 LED

普通 LED 功率一般为 0.05 W、工作电流为 20 mA；而大功率 LED 可以达到 1 W、2 W 甚至数十瓦,工作电流可以是几十毫安到几百毫安不等,目前被广泛应用于汽车灯、手电筒、照明灯具等场所。

目前,市场有普通型和集成型大功率 LED 两种,如图 4-38 所示。而普通型大功率 LED 分为单色光与 RGB 全彩两种,集成型大功率 LED 一般均为单色,RGB 全彩的极少。

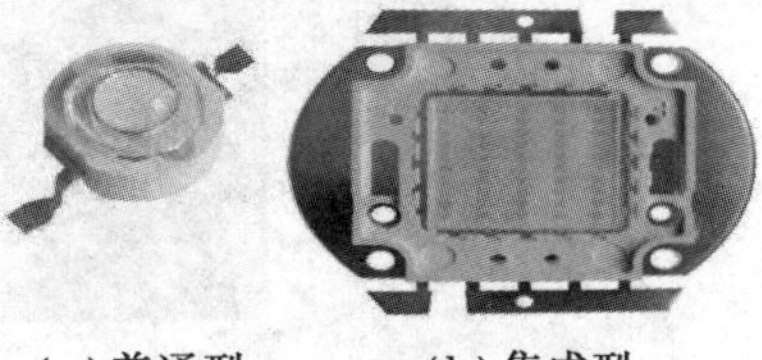

（a）普通型　　　　（b）集成型

图 4-38　普通型和集成型大功率 LED

4.LED 数码管

LED 数码管由多个发光二极管封装在一起组成 "8"字形的器件,引线已在内部连接完成,只需引出它们的各个笔画,公共电极。

数码管实际上是由 7 个发光管组成 8 字形构成的,加上小数点就是 8 个。这些段分别由字母 A、B、C、D、E、F、G、DP 来表示,如图 4-39 所示。

1位数码管　　　　2位数码管　　　　3位数码管

图 4-39　LED 数码管

当数码管特定的段加上电压后,这些特定的段就会发亮,形成人眼看到的字样。常用 LED 数码管显示的数字和字符是 0、1、2、3、4、5、6、7、8、9、A、B、C、D、E、F。

5.点阵 LED

点阵 LED 作为一种现代电子媒体,具有灵活的显示面积(可分割、任意拼装),它具有亮度高、寿命长、数字化高、实时性强等特点,应用非常广泛。

一个数码管由 8 个 LED 组成,同理,一个 8×8 的点阵是由 64 个 LED 小灯组成。图 4-40 是一个 8×8 点阵 LED 的内部结构,这是一个点阵 LED 的最小单元。

二、二极管的主要参数及性质

1.二极管的主要参数

（1）最大整流电流 I_{CM}

最大整流电流是指二极管长期正常工作时,允许通过的最大电流。在使用二极管时,通过二极管的最大正向平均电流不能超过此值,否则会使 PN 结的结温超过额定值(锗管为 80 ℃,硅管为 150 ℃)而烧坏。

（2）最高反向耐压 U_{RM}

最高反向耐压是指二极管长时间正常工作时所能承受的最高反向峰值电压。一般厂

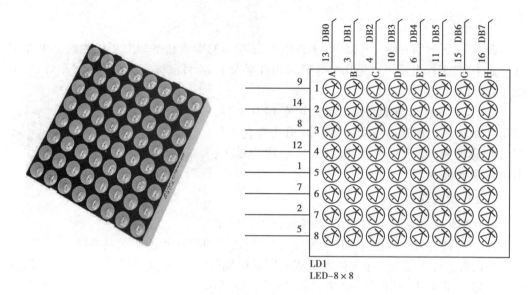

图 4-40　点阵 LED

家提供的反向工作电压为反向击穿电压的 1/2 或 2/3。

（3）最高工作频率 f_{max}

最高工作频率是指保证二极管正常工作时允许的最高工作频率。使用时,通过二极管电流的频率不得超过最高工作频率,否则二极管将失去单向导电性。

2.二极管的特性

二极管具有单向导电性。当 P 区接电源的高电位,N 区接电源低电位,如果大于死区电压(硅二极管死区电压 0.5 V,锗二极管死区电压 0.2 V)二极管就导通。

在电路中,通常运用二极管的单向导电性可形成整流电路(把交流电转变成直流电)、限幅电路、检波电路等。利用二极管的反向击穿特性,可形成稳压电路。

三、检测二极管

1.整流二极管的检测

选择万用表的 R×1 k 或 R×100 两个量程都可以,分别测量二极管的正向与反向电阻各一次,其中一次的阻值应该很大(接近无穷大),一次的阻值应较小(只有几千欧),则这只二极管是好的,如图 4-41 所示。否则,如果两次测量的阻值都很大,二极管内部开路;如果两次测量的阻值都很小,二极管内部短路。

2.稳压二极管的检测

稳压二极管的检测步骤与一般二极管的检测步骤相同,都是用万用表 R×1 k 挡测量其正、反向电阻,正常时反向电阻阻值很大,若发现表针摆动或其他异常现象,就说明该稳压管性能不良甚至损坏。

如果稳压二极管的稳压值小于 10 V,可用 MF47 型万用表辨别是检波二极管还是稳压二极管。辨别时,稳压二极管只要使用 $R×10$ k 挡测量其反向电阻,它就会反向击穿,反向电阻会变小;而用 $R×1$ k 挡测量,反向电阻仍然很大,如图 4-42 所示。

图 4-41　整流二极管的检测

图 4-42　稳压二极管检测

用在路通电的方法也可以大致测得稳压管的好坏,其方法是用万用表直流电压挡测量稳压管两端的直流电压,若接近该稳压管的稳压值,说明该稳压二极管基本完好;若电压偏离标称稳压值太多或不稳定,说明稳压管损坏。

3.发光二极管的检测

发光二极管 LED 是一种将电能转换成光能的特殊二极管,是一种新型的冷光源,常用于电子设备的电平指示、模拟显示等场合。近年来,大功率高亮度 LED 已经用于作为照明灯具。

用 $R×1$ k 挡测量 LED 正向与反向电阻时,阻值均为无穷大,如图 4-43 所示。

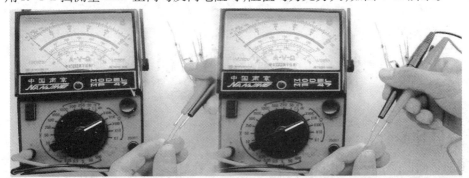

（$R×1$ 挡）发光二极管正向电阻　　　　　　（$R×1$ 挡）发光二极管反向电阻

图 4-43　用 $R×1$ k 挡测量发光二极管正反电阻

用万用表的 $R×10$ k 挡检测 LED 时,正常测量结果仍然是正向导通,反向截止(发光二极管的正向、反向电阻均比普通二极管大得多)。在测量其正向电阻时,可以看到该二极管有微弱的发光现象,如图 4-44 所示。

（$R×10$ k挡）发光二极管反向电阻 　　　　　　　（$R×10$ k挡）发光二极管正向电阻

图 4-44　用 $R×10$ k 挡测量发光二极管正反电阻

【任务练习】

在实训室中准备不同和种类的二极管,把识别测量结果填入表 4-9 中。

表 4-9　二极管识别检测记录表

序号	二极管类型	符号	正向电阻(万用表量程)	反向电阻(万用表量程)
1				
2				
3				
4				
5				
6				

任务五　三极管的识别与检测

【任务目标】

1.能正确识读三极管,并根据所标型号确定其管型。

2.会使用万用表对三极管的管型、管脚进行判别检测,并能正确判断其质量好坏。

【任务分解】

一、认识三极管

1. 三极管结构与符号及类型

晶体三极管(简称晶体管,又称三极管)是在一块半导体基片上制作的两个相距很近的 PN 结,排列方式有 PNP 和 NPN 两种。两个 PN 结把整块半导体分成三部分,中间部分是基区,两侧部分是发射区和集电区,基区很薄,而发射区较厚杂质浓度大。发射区和基区之间的 PN 结叫发射结,集电区和基区之间的 PN 结叫集电结。从 3 个区引出相应的电极,分别为基极 b、发射极 e 和集电极 c,其结构及符号如图 4-45 所示。

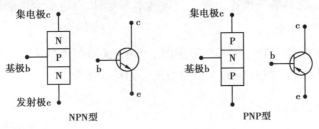

图 4-45　三极管的结构及符号

三极管有 PNP 型和 NPN 型两种类型。PNP 型三极管的发射极箭头向里;NPN 型三极管发射极箭头向外。发射极箭头指向也是 PN 结在正向电压下的导通方向。

2. 三极管的外形

常用三极管的封装形式有金属封装和塑料封装两大类,引脚的排列方式具有一定的规律,如图 4-46 所示为常见三极管的外形。

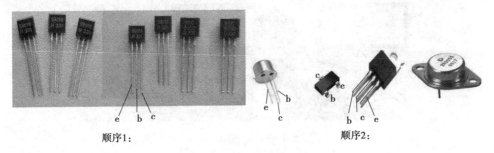

顺序1:　　　　　　　　　　　　　　顺序2:

图 4-46　常见三极管的外形

3. 三极管在电路中的作用

三极管具有电流放大作用,在电路中通常有 3 个状态,即截止、放大、饱和。表现出两种作用,一是放大信号;二是利用其截止和饱和作为无触点电子开关。

二、三极管的参数

1.放大倍数

放大倍数一般用字母 β 表示，β 值通常为 20～200 倍，它是表征三极管电流放大作用的主要参数。

2.最高反向击穿电压

最高反向击穿电压是指三极管基极开路时，加在三极管 c 与 e 两端的最大允许值电压，一般为几十伏，高压大功率管可达千伏以上。

3.最大集电极电流

最大集电极电流是指三极管的放大倍数基本不变时，集电极允许通过的电流。

4.特征频率

每一只三极管都是在特定的频率范围内工作的，随着频率的改变，它的放大倍数 β 将会降低，当 β 下降到 1 时所对应的工作频率被称为特征频率。

三、三极管的检测

1.找三极管的基极

大家知道，三极管是含有两个 PN 结的半导体器件。根据两个 PN 结连接方式不同，可以分为 NPN 型和 PNP 型两种不同导电类型的三极管。

使用指针式万用电表测试三极管，并选择 $R×100$ 或 $R×1$ k 挡位。

第一种方法:直接用万用表测量三极管的任意两只脚的电阻，其中有两只引脚的正反向电阻值都接近无穷大，这两只脚一定不是基极;而另一只脚就为基极，如图 4-47 所示。

图 4-47 找基极(一)

第二种方法(图 4-48):先假设一只脚为基极，比如图 4-48 中的 2 脚，再用其中一支表笔与它固定不动(黑笔)，用剩下的一支表笔连接另个两脚(1、3 脚)分别测量另外两脚的电阻，如果阻值都小(或都大)，需要再次交换表笔与假设脚 2 脚再次固定(红笔)，重复上面过程，再用黑笔分别连接另外两脚(1、3 脚)测量另外两脚的电阻，此时测量的阻值如果与上次相反，是都大(或都小)，那假设脚就一定是基极。如果在 4 次测量的过程中，表笔与假设脚固定测量时，出现阻值一大一小，那就要重新假设，直到出现阻值都大或都小。满足前面两次的结论时,假设脚才是基极。

[NPN型三极管]　　黑表笔接2脚固定　红表笔接3脚　　　黑表笔接2脚固定　红表笔接1脚

[NPN型三极管]　　红表笔接2脚固定 黑表笔接3脚　　　红表笔接2脚固定　黑表笔接1脚

图 4-48　找基极、定类型

2.确定三极管的管型

　　找出三极管的基极后,我们就可以根据基极与另外两个电极之间 PN 结的方向来确定管子的导电类型。将万用表的黑表笔接触基极,红表笔接触另外两个电极中的任一电极,若表头指针偏转角度很大,则说明被测三极管为 NPN 型管;若表头指针偏转角度很小,则被测管即为 PNP 型。

3.确定三极管的集电极与发射极

　　找出了基极 b,就可以用测穿透电流 I_{CEO} 的方法确定集电极 c 和发射极 e。方法如下:

　　①对于 NPN 型三极管,用手按基极和黑表笔所接的脚,用黑、红表笔颠倒测量两极间的正、反向电阻 R_{ce} 和 R_{ec},两次测量中有一次偏转角度稍大,此时黑表笔所接的是集电极 c,红表笔所接的是发射极 e。

　　②对于 PNP 型的三极管,测量方法类似于 NPN 型,用手轻轻按住基极和红表笔接的那只脚,此时黑表笔所接的是发射极 e,红表笔所接的是集电极 c,如图 4-49 所示。

图 4-49　确定集电极与发射极

【任务练习】

在实训室中准备不同种类的三极管,把识别测量的结果填入表 4-10 中。

表 4-10　三极管识别记录表

序号	型号	类型 （NPN、PNP）	管脚排列图	万用表黑表笔接基极, 红表笔分别接另两脚的阻值
1				
2				
3				
4				
5				
6				

任务六　光电器件的识别与检测

【任务目标】

1.能正确识别常用光电器件。

2.会使用万用表对光电器件进行检测,并能正确判断其质量的好坏。

【任务分解】

光电器件是指利用半导体光敏特性工作的光电器件,它是能将光信号转变为电信号的元件。它与发光管配合,可以实现"电→光""光→电"的相互转换。常见的光电器件有光敏电阻、光电二极管、光电三极管。

一、光敏电阻

光敏电阻是在陶瓷基片上沉积一层光敏半导体,再接上两根引线做电极而制成。它的外壳上有玻璃窗口或透镜,使光线能够入射到光敏半导体薄层上,随着入射光的增强或减弱,半导体的特征激发强度也不一样,使半导体内部的载流子数量发生变化,从而使光敏电阻的阻值跟着改变。

常见的光敏电阻有紫外光敏电阻器、可见光敏电阻器、红外光敏电阻器等,它们各自对应的波长不同,使用时不能混淆。

光敏电阻广泛应用于各种自动控制电路(如自动照明灯控制电路、自动报警电路等)、家用电器(如电视机中的亮度自动调节,照相机的自动曝光控制等)及各种测量仪器中。

1.光敏电阻的外形及电路图形符号

光敏电阻器的外形及电路图形符号如图4-50所示。光敏电阻器在电路中用字母"R"或"R_L""R_G"表示。

图4-50　光敏电阻

2.光敏电阻的主要参数

● 暗电阻(R_D):光敏电阻器在无光照射时的电阻值称为暗电阻。

● 亮电阻(R_L):光敏电阻器在受到光照射时所具有的阻值称为亮电阻。

● 亮电流:指光敏电阻器在规定的外加电压下受到光照射时所通过的电流。

● 暗电流:指在无光照射时,光敏电阻器在规定的外加电压下通过的电流。

● 时间常数:指光敏电阻器从光照跃变开始到稳定亮电流的63%时所需的时间。

● 灵敏度:指光敏电阻器在有光照射和无光照射时电阻值的相对变化。

3.光敏电阻的检测

(1)亮电阻测量

将一光源对准光敏电阻的透光窗口,此时万用表指针有较大幅度的摆动,阻值停留在几千欧的位置,如图4-51(a)所示。此电阻值越小,说明光敏电阻性能越好;若此值很大甚至无穷大,表明光敏电阻内部开路损坏,也不能再继续使用。

(a)亮电阻测量　　　　　　　(b)暗电阻测量

图4-51　光敏电阻的检测

(2)暗电阻测量

用一黑纸片将光敏电阻的透光窗口遮住,此时万用表的指针基本保持不动,阻值接近无穷大，如图 4-51（b）所示。此值越大说明光敏电阻性能越好；若此值很小或接近为零，说明光敏电阻已烧穿损坏，不能再继续使用。

（3）光敏电阻好坏检测

将光敏电阻透光窗口对准入射光线，用小黑纸片在光敏电阻的遮光窗上部晃动，使其间断受光，此时万用表指针应随黑纸片的晃动而左右摆动。如果万用表指针始终停在某一位置不随纸片晃动而摆动，说明光敏电阻的光敏材料已经损坏。

二、光电二极管

1.光电二极管的特性与外形

光电二极管又称光电二极管，是一种能够将光信号根据使用方式转换成电流或者电压信号的光电转换器件，如图 4-52 所示。管芯常使用一个具有光敏特征的 PN 结，对光的变化非常敏感，具有单向导电性，而且光强不同的时候会改变电学特性。因此，光电二极管可以利用光照强弱来改变电路中的电流。

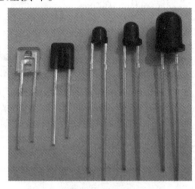

图 4-52　光电二极管的外形

光电二极管是在反向电压下工作的。在黑暗状态下，反向电流（此时电流称为暗电流）很小。当有光照时，反向电流迅速增大到几十微安，此时的电流称为光电流。在入射光照强度一定时，光电二极管的反向电流为恒值，与所加反向电压大小基本无关。

2.光电二极管的检测

①用万用表 $R×100$ 或 $R×1$ k 挡，测量光电二极管的正、反向电阻值，如图 4-53 所示。

光电二极管反向电阻　　（见光时检测）光电二极管的正向电阻（蔽光检测）光电二极管的正向电阻

图 4-53　光电二极管的检测

②用黑纸或黑布遮住光电二极管的光信号接收窗口，正常时，正向电阻值在 10 kΩ～20 kΩ，反向电阻值为∞（无穷大）。若测得正、反向电阻值均很小或均为无穷大，则是该光电二极管漏电或开路损坏。

③去掉黑纸或黑布，使光电二极管的光信号接收窗口对准光源，然后观察其正、反向电阻值的变化。正常时，正、反向电阻值均应变小；阻值变化越大，说明该光电二极管的灵敏度越高。若测得的正反向电阻都是无穷大或零，说明管子已损坏。

三、光电三极管

1.光电三极管的特性及外形

光电三极管和普通三极管类似,也有电流放大作用。只是它的集电极电流不只是受基极电路的电流控制,也可以受光的控制。

光电三极管和半导体三极管的结构相类似。不同之处是光电三极管必须有一个对光敏感的 PN 结作为感光面。光电三极管的引出电极通常只有两个,但也有三个电极的,如图 4-54 所示。

应用光电三极管作为接收器件时,为提高接收灵敏度,可给它一个适当的偏置电流即施

图 4-54　光电三极管的外形

加一个附加光照,使其进入浅放大区。实际安装时,不要挡住光电三极管的受光面,以免影响遥控信号的接收。采用这种办法可以非常有效地提高接收灵敏度,增大遥控距离。

2.光电三极管的检测

①用遮光物遮住光电三极管的窗口,没有光照,光电三极管没有电流,测得 c 与 e 之间的正反电阻阻值应为无穷大。

②去掉遮光物,使光电三极管的窗口朝向光源,黑表笔接 c 极,红表笔接 e 极,三极管导通,万用表的指针向右偏转至 1 kΩ 左右,指针偏转角的大小反映了管子的灵敏度。

四、热释电红外线传感器

热释电红外传感器是基于热电效应原理制成的热电型红外传感器,其结构及内部电路如图 4-55 所示。

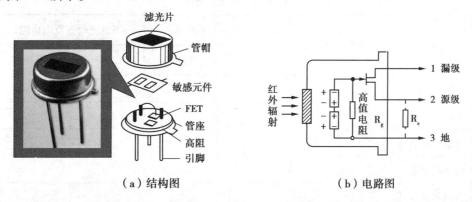

（a）结构图　　　　　　　　　（b）电路图

图 4-55　热释电红外传感器的结构及内部电路

在其每个探测器内装入一个或两个探测元件,并将两个探测元件以反极性串联,以抑制由于自身温度升高而产生的干扰。由探测元件将探测并接收到的红外辐射转变成微弱

的电压信号,经装在探头内的场效应管放大后向外输出。在探测器的前方装设一个菲涅耳透镜,它和放大电路相配合,可将信号放大 70 分贝以上,这样能测出 10~20 m 人的行动。当有人从透镜前走过时,人体发出的红外线就不断地交替从"盲区"进入"高灵敏区",从而获得信号。

由于红外线是不可见光,有很强的隐蔽性和保密性,因此热释电红外传感器在防盗、警戒等安保装置中得到了广泛的应用。

五、光电耦合器

光电耦合器简称光耦,是一种以光作为媒介,把输入端的电信号耦合到输出端去的新型半导体"电—光—电"转换器件,能够有效地隔离噪声和抑制干扰,实现输入与输出之间的电绝缘。

目前,光电耦合器已发展成为种类最多、用途最广的光电器件之一。几种常用光电耦合器的外形及引脚识别方法如图 4-56 所示。

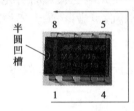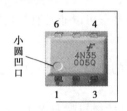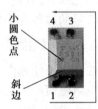

图 4-56　光电耦合器实物图及引脚

【任务练习】

在实训室中准备光敏电阻、光电二极管、光电三极管以及光电耦合器和红外传感器,熟悉它们外形,用万用表进行检测,把识别测量的结果填入表 4-11 中。

表 4-11　识别记录表

型号	画出外形	见光时正反向电阻		不见光时正反向电阻	
		正向	反向	正向	反向
光敏电阻					
光电二极管					
光电三极管					
红外传感器					
光电耦合器					

任务七　其他常用元器件的识别

【任务目标】

1. 能正确识别电子产品制作中的集成电路、磁性元件、话筒、蜂鸣器等常用电子元器件。
2. 知道常用电子元器件的主要功能。

【任务分解】

一、认识集成电路

1. 集成电路及分类

集成电路(英文缩写为 IC)就是把一定数量的常用电子元件,如电阻、电容、晶体管等,以及这些元件之间的连线,通过半导体工艺集成在一起的具有特定功能的电路。

集成电路按其功能、结构的不同,可以分为模拟集成电路、数字集成电路和数/模混合集成电路三大类;按制作工艺可分为半导体集成电路和膜集成电路;按集成度高低的不同,可分为小规模、中规模、大规模、超大规模和特大规模集成电路。

2. 集成电路引脚序号识别

集成电路通常有扁平、双列直插、单列直插等几种封装形式。不论是哪种集成电路的外壳上都有供识别管脚排序定位(或称第一脚)的标记,如图 4-57 所示。对于扁平封装者,一般在器件正面的一端标上小圆点(或小圆圈、色点)作标记。塑封双列直插式集成电路的定位标记通常是弧形凹口、圆形凹坑或小圆圈。

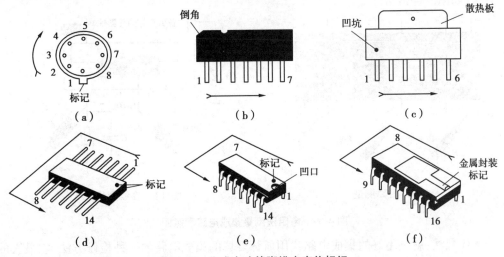

图 4-57　集成电路管脚排序定位标记

3.三端集成稳压器

三端集成稳压器中最常应用的是 TO-220 和 TO-202 两种封装。这两种封装的图形以及引脚序号、引脚功能如图 4-58 所示。

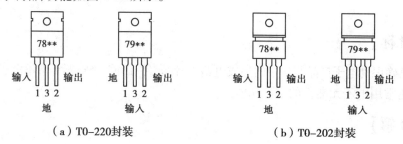

（a）TO-220封装　　　　　　　　　（b）TO-202封装

图 4-58　三端集成稳压器

4.集成电路的好坏检测法

集成电路的好坏检测方法主要有目测法、感觉法、电压检测法、电阻检测法和代换法。

●目测法：就是通过眼睛观察集成电路外表是否与正常的不一样，从而判断集成电路是否损坏。

●感觉法：包括集成电路表面温度是否过热，散热片是否过热，是否松动，是否发出异常的声音，是否产生异常的味道。触觉主要是靠手去摸感知温度，靠手去拨动集成电路感知牢固度。感知温度是根据电流的热效应判断集成电路发热是否不正常，即是否过热。

●电压检测法：就是通过检测集成电路的引脚电压值后与有关参考值进行比较，从而得出集成电路是否有故障以及故障原因。电压检测法有两种数据，即参考数据和检测数据。

●电阻检测法：就是通过测量集成电路各引脚对地正反直流电阻值和正常参考数值比较，以此来判断集成电路好坏的一种方法。此方法分为在线电阻检测法和非在线电阻检测法，如图 4-59 所示。

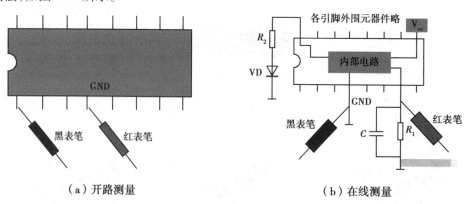

（a）开路测量　　　　　　　　　　（b）在线测量

图 4-59　电阻法测量集成电路示意图

●代换法：就是用好的集成电路代用所怀疑坏的集成电路的一种检修方法，它最大的优点是干净利索、省事。

二、磁性元件

1.电磁继电器

电磁继电器是具有隔离功能的自动开关元件,它实际上是用小电流去控制大电流运作的一种自动开关,故在电路中起着自动调节、安全保护、转换电路等作用,广泛应用于遥控、遥测、通信、自动控制、机电一体化及电力电子设备中,是最重要的控制元件之一,其外形如图 4-60 所示。

图 4-60　电磁继电器

电磁继电器一般由铁芯、线圈、衔铁、触点簧片等组成,其工作原理用简单的话说,就是电磁铁通电时,把衔铁吸下来使两个触点闭合。电磁铁断电时失去磁性,弹簧把衔铁拉起来,切断工作电路。

继电器的触点有动合型(常开)(H 型)、动断型(常闭)(D 型)和转换型(Z 型)3 种基本形式。

2.干簧管

干簧管也称舌簧管或磁簧开关,是一种机械式的磁敏开关,是无源器件。它的两个触点由特殊材料制成,被封装在真空的玻璃管里。只要用磁铁接近它,干簧管两个节点就会吸合在一起,使电路导通,如图 4-61 所示。

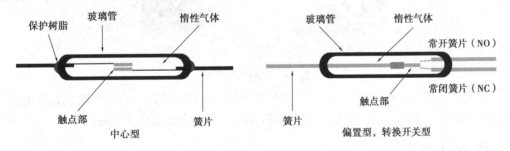

图 4-61　干簧管

干簧管是干簧继电器和接近开关的主要部件,可以作为传感器用,用于计数、限位等。例如,干簧管装在门上,可作为开门时的报警、问候等;在"断线报警器"的制作中,也会用到干簧管。

干簧管期望的开关寿命为一百万次。

图 4-62　霍尔元件

3.霍尔元件

霍尔元件为电子式的磁敏器件,是一种有源器件,如图 4-62 所示。它是一种基于霍尔效应的磁传感器,用它可以检测磁场及其变化,可在各种与磁场有关的场合中使用。

由于霍尔元件本身是一颗芯片,其工作寿命理论上无限制。目前,霍尔元件已发展成一个品种多样的磁传感器产品族,并已得到广泛的应用。

根据功能不同,霍尔元件可分为霍尔线性器件和霍尔开关器件。前者输出模拟量,后者输出数字量。

三、驻极体话筒

驻极体话筒的内部由声电转换系统和场效应管两部分组成。它与电路的接法有两种:源极输出和漏极输出。源极输出有 3 根引出线,漏极 D 接电源正极,源极 S 经电阻接地,再经一电容作信号输出;漏极输出有 2 根引出线,漏极 D 经一电阻接至电源正极,再经一电容作信号输出,源极 S 直接接地。

常用驻极体话筒的外形分机装型(即内置式)和外置型两种。机装型驻极体话筒适合于在各种电子设备内部安装使用。常见的机装型驻极体话筒形状多为圆柱形,其直径有 φ6 mm、φ9.7 mm、φ10 mm、φ10.5 mm、φ11.5 mm、φ12 mm、φ13 mm 等多种规格;引脚电极数分两端式和三端式两种,如图 4-63 所示。

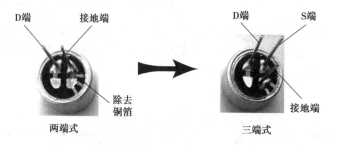

图 4-63　驻极体话筒

驻极体话筒属于有源器件,即在使用时必须给驻极体话筒加上合适的直流偏置电压,才能保证它正常工作,这是有别于一般普通动圈式、压电陶瓷式话筒之处。

四、蜂鸣器

蜂鸣器(图 4-64)又称音响器、讯响器,是一种小型化的电声器件,按工作原理分为压电式和电磁式两大类。电子制作中常用的蜂鸣器是压电式蜂鸣器。

压电式蜂鸣器采用压电陶瓷片制成,当给压电陶瓷片加以音频信号时,在逆压电效应的作用下,陶瓷片将随音频信号的频率发生机械振动,从而发出声响。有的压电式蜂鸣器

(a)电磁式　　　　　　　　(b)压电式

图 4-64　蜂鸣器

外壳上还装有发光二极管。

电磁式蜂鸣器的内部由磁铁、线圈和振动膜片等组成,当音频电流流过线圈时,线圈产生磁场,振动膜则以音频信号相同的周期被吸合和释放,产生机械振动,并在共鸣腔的作用下发出声响。

用万用表电阻挡 $R\times1$ 档测试,可以判断有源蜂鸣器和无源蜂鸣器。判断的方法是:用黑表笔接蜂鸣器"+"引脚,红表笔在另一引脚上来回碰触,如果触发出"咔、咔"声的且电阻只有 8 Ω(或 16 Ω)的是无源蜂鸣器;如果能发出持续声音的,且电阻在几百欧以上的,是有源蜂鸣器。

有源蜂鸣器直接接上额定电源(新的蜂鸣器在标签上都有注明)就可连续发声;而无源蜂鸣器则和电磁扬声器一样,需要接在音频输出电路中才能发声。

五、液晶屏

液晶屏是以液晶材料为基本组件,在两块平行板之间填充液晶材料,通过电压来改变液晶材料内部分子的排列状况,以达到遮光和透光的目的来显示深浅不一、错落有致的图像,而且只要在两块平板间再加上三原色的滤光层,就可实现显示彩色图像。液晶屏功耗很低,适用于使用电池的电子设备。

液晶屏面板主要由背光源(或背光模组)、偏光片、导电层、薄膜晶体管、液晶分子层、彩色滤光片和框胶等组成,如图 4-65 所示。

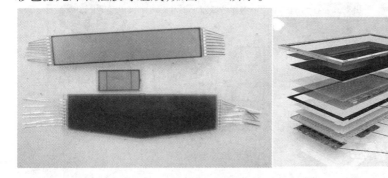

前框
水平偏光片
彩色滤光片
液晶
TFT玻璃
垂直偏光片
驱动IC与印刷电路板
扩散片
扩散版
胶框
背光源
背板
主控制板
背光模组点灯器

图 4-65　液晶屏面板

六、微型直流电机

微型直流电机是指输出或输入为直流电能的旋转电机。在安装位置有限的情况下，微型直流电机相对比较合适。

电子制作中应用的微型直流电机一般为电磁式或者永磁式直流电动机，具有启动转矩较大、机械特性硬、负载变化时转速变化不大等优点，还具有功率不大、电压不高、体积较小的特点。

图 4-66　微型直流电机

如图 4-66 所示，微型直流电机只有 2 根引线，调节供电电压或电流可调速，更换 2 根引线的极性，电动机可以换向。

七、半导体传感器

半导体传感器是利用半导体材料的各种物理、化学和生物学特性制成的传感器。半导体传感器种类繁多，它利用近百种物理效应和材料的特性，具有类似于人眼、耳、鼻、舌、皮肤等多种感觉功能。

电子制作中常用传感器主要有热敏传感器、光敏传感器、气敏传感器、压力传感器、红外传感器、热释传感器、超声传感器、振动传感器等。简易机器人中使用的传感器如图4-67所示。

图 4-67　简易机器人中使用的传感器

八、元器件接插件

1.实验板

在电子制作中,供学生组装电路焊接练习的实验板有面包板、任意焊接元件板和铜基覆铜板,如图 4-68 所示。

图 4-68 常用电路板

2.杜邦线

如图 4-69 所示,杜邦线可用于实验板的引脚扩展、增加实验项目等,可以非常牢靠地和插针连接,无须焊接,可以快速进行电路试验。

图 4-69 杜邦线

3.其他接插件

在电子制作中,常用接插件主要有排针、排母、接线端子、IC 座、锁紧座等,如图 4-70 所示。

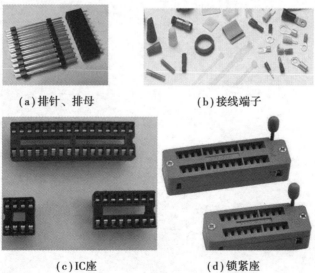

（a）排针、排母　　　　　　　（b）接线端子

（c）IC座　　　　　　　　（d）锁紧座

图 4-70 常用接插件

【任务练习】

1.三端集成稳压器有哪些类型？应用时应注意哪些问题？

2.常用磁性元件有哪些？它们各自有何作用？

3.在铜基覆铜板可以直接焊接电子元件吗？若不能,应该怎么办？

项目五

电子产品手工装配焊接

【项目导读】

焊接是使金属连接的一种方法,是电子产品生产中必须掌握的一种基本操作技能。焊接的种类有很多,电烙铁手工焊接适合于产品试制、电子产品的小批量生产、电子产品的调试与维修以及某些不适合自动焊接的场合。手工焊接操作需要大量反复地练习,才能形成技能。

任务一　安装通孔元器件

【任务目标】

1.了解常用元件整形加工的工艺要求,掌握元件整形加工的方法。
2.熟悉通孔元件的焊接步骤,掌握其焊接要领。
3.掌握手工焊接技术和手工焊接的工艺要求。

【任务分解】

一、元器件引脚的整形加工

在电子产品开始装配、焊接之前,除了要先做好静电防护外,还要做好两项准备工作:一是要检查元器件引线的可焊性,若可焊性不好,就必须进行镀锡处理;二是要熟悉工艺文件,应根据工艺文件对元器件进行分类,按照印制板上的安装形式,对元器件的引线进行整形,使之符合在印制板上的安装孔位。如果没有完成这两项准备工作就匆忙开始装焊,很可能造成虚焊或安装错误,带来麻烦。

学生在进行电子产品小制作实训时,常采用手工独立插装来完成印制电路板的装配过程,这是一种一人完成一块印制电路板上全部元器件的插装及焊接等工作程序的装配方式,操作者必须将所有元器件从头装配到尾,其操作的顺序(或称为工艺流程)如图 5-1 所示。

按工艺文件归类元器件 → 整形 → 插件 → 焊接 → 剪脚 → 检查 → 修整

图 5-1　工艺流程

1.元器件分类

在手工装配时,按电路图或工艺文件将电阻器、电容器、电感器、三极管、二极管、变压器、插排线、插排座、导线、紧固件等归类。

2.元器件筛选

先对元器件进行外观质量筛选,再用仪器对元器件的电气性能进行筛选,以确定其优劣,剔除那些已经失效的元器件。

3.元器件引脚整形

(1)元器件引脚整形的工艺要求

①所有元器件引脚均不得从根部弯曲,一般应保留 1.5 mm 以上。这是元器件制造工

艺上的原因,其根部容易折断。折弯半径应大于引脚直径的 1~2 倍,避免弯成死角。

②对引脚进行整形,安装好以后,元器件的标记朝向应向上、向外,方向一致,见表5-1。

表 5-1 引脚整形安装后元器件的标记朝向

基本步骤	图示
将引脚用镊子铆直	
用尖嘴钳夹住引脚根部,逐个将引脚弯曲	
根据整形的整体效果对折弯方向 不一致的引脚进行修整	

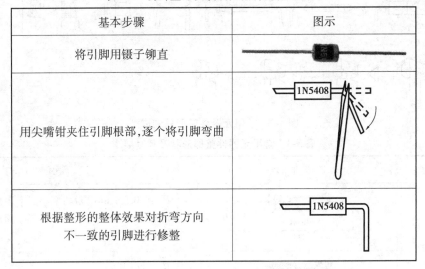

③若引脚上有焊点,则在焊点和元器件之间不准有弯曲点,焊点到弯曲点之间应保持 2 mm 以上的间距。

④元器件引脚的整形尺寸应满足安装尺寸的要求。

引脚成形的基本原则是:引脚成形后,元器件本体不应该产生破裂,表面封装不应被损坏,引脚弯曲部分不允许出现模具印痕裂纹。在手工成形过程中任何弯曲处应有一定的弧度,不许出现直角,否则会使折弯处的导线截面积变小,电气特性变差。引脚成形后,其标称值应处于查看方便的位置,一般应位于元器件的上表面或者外表面。

(2)元器件引脚整形的基本步骤

在元器件安装到电路板之前,一般都要对元器件进行加工,加工的目的是让元器件便于安装,或有利元器件散热。手工整形工具主要有镊子和尖嘴钳,元器件引脚整形基本步骤见表5-2。

表 5-2 元器件引脚整形的基本步骤

标记朝向	侧前方	朝上	第一色环位置	符合习惯(由左到右)(由近到远)
图解				

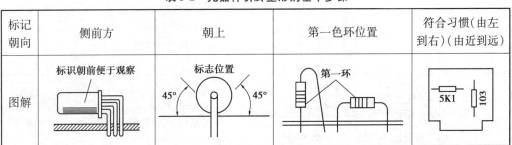

（3）常用元器件的引脚成形法

对元器件进行手工加工整形时，弯引脚可以借助镊子或小螺丝刀对其引脚整形。常用元器件整形形状及尺寸要求见表5-3，元器件整形后的成形如图5-2所示。

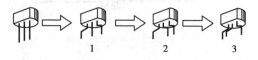

图 5-2　常用元器件整形后的成型

表 5-3　常用元器件整形形状及尺寸要求

元器件类型	整形形状	尺寸要求
电阻	电阻　L　H	$H = 4 \pm 0.5$ mm（电阻功率小于 1 W） $H = 7 \pm 0.5$ mm（电阻功率大于 1 W） L：根据 PCB 孔距
	电阻　L　H_1　H_2	$H_1 = 6 \pm 1.0$ mm $H_2 = 4 \pm 0.5$ mm L：根据 PCB 孔距
	H_1　电阻　L　H_2	$H_1 = 3 \pm 0.5$ mm $H_2 = 4 \pm 0.5$ mm L：根据 PCB 孔距
二极管	二极管　L　H	$H = 4 \pm 0.5$ mm L：根据 PCB 孔距
	二极管　L　H_1　H_2	$H_1 = 3 \pm 0.5$ mm $H_2 = 4 \pm 0.5$ mm L：根据 PCB 孔距
三极管	L　字符面　三极管　H　散热器面	$H = 4 \pm 0.5$ mm L：根据 PCB 孔距

续表

元器件类型	整形形状	尺寸要求
电容	电容 H_1 H_2 L	$H_1 = 2.5 \pm 0.5$ mm $H_2 = 4 \pm 0.5$ mm L：根据 PCB 孔距
	电容 H L	$H = 4 \pm 0.5$ mm L：根据 PCB 孔距
	L 电容 H	$H = 4 \pm 0.5$ mm L：根据 PCB 孔距
电感	H_1 电感 H_2 L	$H_1 = 3.5 \pm 0.5$ mm $H_2 = 4 \pm 0.5$ mm L：根据 PCB 孔距
	电感 H L	$H = 4 \pm 0.5$ mm L：根据 PCB 孔距
	电感 H L	$H = 4 \pm 0.5$ mm L：根据 PCB 孔距
晶振	晶振 FY 2.048 MHZ H L	$H_2 = 4 \pm 0.5$ mm L：根据 PCB 孔距
	H 晶振 L	$H = 4 \pm 0.5$ mm L：根据 PCB 孔距
电感	电感 H L	$H = 4 \pm 0.5$ mm L：根据 PCB 孔距

续表

元器件类型	整形形状	尺寸要求
变压器	变压器 H L	$H_2 = 4 \pm 0.5$ mm L:根据 PCB 孔距
IC	IC H L	$H = 4 \pm 0.5$ mm L:根据 PCB 孔距
导线	两边剥线并均匀上锡 S_1 S_2 导线 L	$S_1 = S_2 = 4 \pm 0.5$ mm L:根据设计要求
套管	套管 D L	D:根据设计要求 L:根据设计要求

二、在印制电路板上插装元器件

1.印制电路板上元器件的插装原则

安装各种元器件时,应该尽量使它们的标记(用色码或字符标注的数值、精度等)朝上或朝着易于辨认的方向,并注意标记的读数方向一致(从左到右或从上到下),这样有利于检验人员检查;卧式安装的元器件,尽量使两端引线的长度相等对称,把元器件放在两孔中央,排列要整齐;立式安装的色环电阻应该高度一致,最好让起始色环向上以便检查安装错误,上端的引线不要留得太长以免与其他元器件短路;有极性的元器件,插装时要保证方向正确。

总之,手工插装元器件应遵循"先低后高、先小后大,先一般后特殊,最后插装集成电路"的顺序,元器件应插装到位,无明显倾斜、变形现象,要求做到整齐、美观、稳固。同时,还应方便焊接和有利于元器件焊接时的散热。

插装前应检查元器件参数是否正确、器件有无损伤;插装后焊接前,应再一次检查有无插装错误。

2.元器件的插装

(1)插装方式

●卧式插装

卧式插装时元器件与印制电路板距离可根据具体情况而定,如图 5-3 所示。要求元器件数据标记面朝上,方向一致,元器件装接后上表面整齐、美观。卧式插装的优点是稳定性好,比较牢固,受振动时不易脱落。

- 立式插装

立式插装如图 5-4 所示,其优点是密度大,占用印刷电路板面积小,拆卸方便,一般电容器、三极管多用此法。电阻器、电容器、半导体二极管的插装与电路板设计有关,应视具体要求分别采用贴板或立式插装。

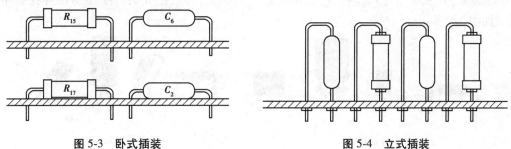

图 5-3　卧式插装　　　　　　　　　　图 5-4　立式插装

为了适应各种不同的安装要求,在一块印刷电路板上,有的元器件采用直立式插装,也有的元器件采用卧式插装,如图 5-5 所示。

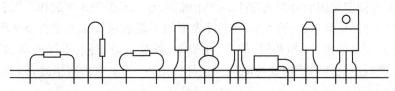

图 5-5　根据实际情况确定的插装方式

（2）常用元器件的插装方法

一般来说,元器件插装顺序依次为电阻器、电容器、二极管、三极管、集成电路、大功率管,其他元器件为先小后大。

- 长脚元器件插装方法

用食指和中指夹住元器件,再准确插入印制电路板对应的插孔中,如图 5-6 所示。"L"为元器件与印制板表面之间的间距,应不小于 0.2 mm。

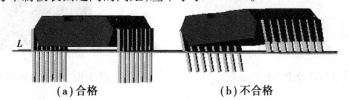

（a）合格　　　　　　　　　（b）不合格

图 5-6　长脚元器件的插装

- 短脚元器件插装

对短脚元器件引脚进行整形后,由于其引脚较短,只能贴板插装,当元器件插装到位后,应用镊子将穿过孔的引脚向内折弯,以免元器件掉出,如图 5-7 所示。

- 多引线元器件的插装

集成电路及插座、微型开关、多头插座等多引线元器件在插入印制板前,必须要用专

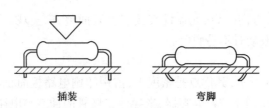

插装　　　　　弯脚

图 5-7　短脚元器件插装

用工具或专用扁口钳对其进行校正,不允许强力插装,力求把元器件引线对准焊孔的中心,如图 5-8 所示。

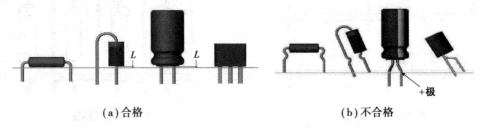

（a）合格　　　　　　　　　　（b）不合格

图 5-8　多引线元器件的插装

● 金属件的装配

螺钉、螺栓固定紧固后外留长度 1.5~3 个螺扣,紧入不少于 3 个螺扣。沉头螺钉旋紧后应与被紧固件保持平整,允许稍低于零件表面但不能超过 2 mm,如图 5-9 所示。用于连接元器件的金属结构件(如铆钉、焊片、托架等)安装后应牢固,不得松动和歪斜,对于可能会对印制板组装件的结构或性能造成损坏的地方,要采取预防措施,例如,规定紧固扭矩的值。

● 散热器装配

散热器的安装应与印制板隔开一定距离,以便于清洗,保证电气绝缘,防止吸潮。在不影响焊接或印制板组装件性能的情况下,允许在元器件下面安装接触面很小的专用垫片(如支脚、垫片等),但垫片不得妨碍垫片和元器件下面的清洗和焊点的检验,如图 5-10 所示。

图 5-9　螺钉、螺栓金属件的装配　　　　图 5-10　散热器的装配

三、元器件的手工焊接

1.常用焊接工具

手工焊接常用工具主要有电烙铁、热风枪、镊子、放大镜、防静电护腕等,如图 5-11 所示。

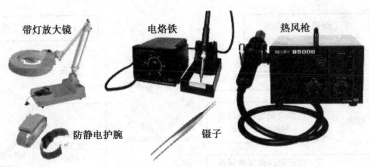

图 5-11　手工焊接常用工具

2.正确的焊接姿势

一般采用坐姿进行焊接,其要求与坐着写字的要求基本一致,工作台和桌椅的高度要合适。人眼与电路板保持 20 cm 以上的距离。

3.握拿电烙铁和焊锡丝的方法

握拿电烙铁的方法有反握法、正握法和握笔法,如图 5-12 所示。焊锡丝的握法如图 5-13 所示,图 5-13(a)适合于连续焊接,图 5-13(b)适合于断续焊接。

反握法　　　　　正握法　　　　　握笔法

图 5-12　电烙铁的握拿方法

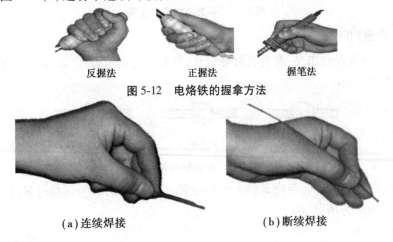

(a)连续焊接　　　　　　　　(b)断续焊接

图 5-13　焊锡丝的握拿方法

4.焊接的操作步骤

手工焊接的基本步骤如图 5-14 所示。应先学习并掌握五步工程法,待技能熟练掌握后,就可以直接按照三步工程法进行操作。

友情提示

特别强调的是:合格的焊点,除了与焊料、焊剂、温度、焊接时间等有着直接联系外,还与电烙铁及烙铁头的形状有关,更与操作技术水平密切相关。对于这一点,同学们务必充分注意,只有刻苦学习,才能掌握过硬的焊接操作技能。

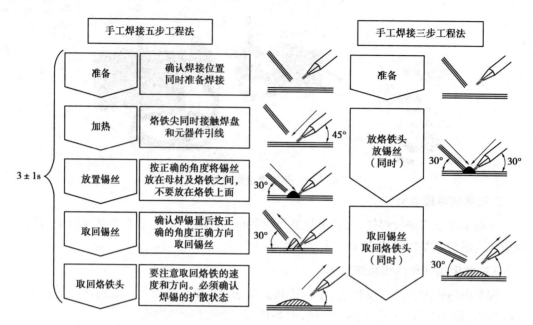

图 5-14　手工焊接基本步骤

5.焊接质量判断

标准的合格焊点要求是:具有良好导电性,具有一定的机械强度,锡点光亮、圆滑而无毛刺,如图 5-15 所示。

合格焊点　　　　有毛刺　　　蜂窝状（虚焊）

图 5-15　标准的合格焊点

焊接时,焊点的大小应与焊盘的大小相适应。焊锡量要适中,锡量过多过少都不能保证焊接质量,如图 5-16 所示。

6.剪脚

焊接完毕,用斜口钳对元件引脚进行修剪。引脚凸出高度,以焊点的顶部算起,L 最小为 0.5 mm,L 最大为 1.0 mm,如图 5-17 所示。集成电路、继电器、端子等元器件在不影响外观、装配性能时不需要剪脚。

合格焊点　　　焊锡太少　　　焊锡过多

图 5-16　焊点的焊锡量　　　　　　图 5-17　元器件引脚修剪

【任务练习】

1.在实训室准备电阻、电容、二极管、三极管等元器件,让学生熟悉元器件引脚加工整形的方法与要求。

2.利用已报废的电子元器件和旧印制板进行训练,正确完成元器件的焊接,做到焊点符合要求。

任务二　安装表面贴装元器件

【任务目标】

1.了解表面贴装元器件贴装要求,掌握贴装的过程与步骤。

2.熟悉各种表面元器件的焊接步骤,掌握其焊接要领。

【任务分解】

一、手工焊接表面贴装元器件的要求

表面贴装元器件焊接的方式有两种:手工焊接和自动焊接。手工焊接只适用于小批量生产、维修及调试等,通常使用的焊接工具有热风拆焊台(热风枪)、电烙铁、吸锡器、置锡钢板等。

在手工焊接时,由于表面贴装元件小,管脚多而密,焊接时易造成虚焊、短路等多种问题。因此,我们应了解手工焊接表面贴装元器件的要求。

①一般要求采用防静电恒温烙铁,如果采用普通烙铁时必须接地良好。

②贴片式元器件选用 30 W 左右的烙铁,注意烙铁头的尖要细,顶部的宽度不能大于 1 mm。

③焊接表面贴装元器件通常使用较小直径的锡线,一般在 0.50 ~0.75 mm。

④贴装时,先贴装小元器件,后贴装大元器件;先贴装矮元器件,后贴装高元器件。

二、焊接的操作步骤及方法

表面贴装元器件手工焊接的具体步骤及方法:"一整""二对""三焊""四修""五洗"。

1."一整"

在焊盘上加上适当的锡焊或助焊剂,如图 5-18 所示,以免焊盘镀锡不良或被氧化,造成不好焊。

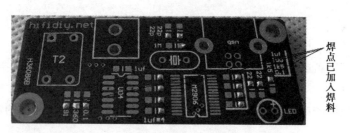

图 5-18　加助焊剂用烙铁处理一遍焊盘

2."二对"

用镊子小心地将元器件放到 PCB 板上,注意对准极性和方向,如图 5-19 所示。

图 5-19　用镊子将元器件放到 PCB 板上

3."三焊"

将元器件对准位置后进行焊接。对于管脚少的元器件可使用电烙铁进行焊接,对于管脚多的元器件建议使用热风枪进行焊接。

①焊接贴片阻容元器件时,先在一个焊点的上点上锡,然后放上元器件的一端,用镊子夹住元器件,再看看是否放正了,如果已放正,就再焊上另外一端,如图 5-20 所示。

（a）先焊接一端　　　　　　　　　　（b）再焊另一端

图 5-20　焊接贴片阻容元器件的方法

②焊接集成电路时,先焊接对角的引脚,使 IC 固定;再把 PCB 斜放 45°,采用拖焊技术进行焊接,其焊接过程如图 5-21 所示。

4."四修"

焊点冷却后,可用尖头电烙铁对不良焊点进行修补,直至焊接达到工艺要求。

5."五洗"

所有元器件焊接完毕,PCB 板表面特别是元器件引脚处会留下少许松香,可以用无水酒精清洗,如图 5-22 所示。

（a）固定对角引脚

（b）拖焊

（c）焊完所有的引脚

图 5-21　集成电路的焊接

（a）清洗前

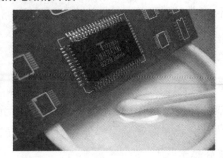

（b）清洗后

图 5-22　清洗 PCB 板

三、电子产品焊接评分标准

1.焊接要求

在线路板上所有焊接的元器件的焊点应大小适中,无漏焊、假焊、虚焊、连焊,焊点光滑、圆润、干净,无毛刺;引脚加工尺寸及成形符合工艺要求;导线长度、剥头长度符合工艺要求,芯线完好,捻头镀锡。

2.SMT(贴片)焊接评分标准

SMT(贴片)焊接工艺按下面标准分级评分(以 10 分制评分为例)。

• A 级:所焊接的元器件的焊点适中,无漏焊、假焊、虚焊、连焊,焊点光滑、圆润、干净,无毛刺,焊点基本一致,没有歪焊。给 8 分。

• B 级:所焊接的元器件的焊点适中,无漏焊、假焊、虚焊、连焊,但个别(1~2 个)元器件有以下现象,如有毛刺,不光亮或出现歪焊。给 6 分。

• C 级:3~5 个元器件有漏焊、假焊、虚焊、连焊,或有毛刺、不光亮、歪焊。给 4 分。

• 不入级:有严重(6 个元器件以上)漏焊、假焊、虚焊、连焊,或有毛刺、不光亮、歪焊。给 2 分。

3.非 SMT(贴片)焊接评分标准

非 SMT(贴片)焊接工艺按下面标准分级评分(以 10 分制评分为例)。

• A 级:所焊接的元器件的焊点适中,无漏、假、虚、连焊,焊点光滑、圆润、干净,无毛刺,焊点大小基本一致,引脚加工尺寸及成形符合工艺要求;导线长度、剥头长度符合工艺要求,芯线完好,捻头镀锡。给 6 分。

• B 级:所焊接的元器件的焊点适中,无漏、假、虚、连焊,但个别(1~2 个)元器件出现以下现象,如有毛刺,不光亮,或导线长度、剥头长度不符合工艺要求,捻头无镀锡。给 5 分。

• C 级:3~5 个元器件有漏、假、虚、连焊,或有毛刺、不光亮,导线长度、剥头长度不符合工艺要求,捻头无镀锡。给 4 分。

• 不入级:有严重(6 个元器件以上)漏、假、虚、连焊,或有毛刺、不光亮,导线长度、剥头长度不符合工艺要求,捻头无镀锡。给 3 分。

四、电子产品装配评分标准

1.装配要求

印制板插件位置正确,元器件极性正确,元器件、导线安装及字标方向均应符合工艺要求;接插件、紧固件安装可靠牢固,印制板安装对位;无烫伤和划伤处,整机清洁无污物。

2.评分参考

电子产品装配按下面标准分级评分(以 10 分制评分为例)。

• A 级:印制板插件位置正确,元器件极性正确,接插件、紧固件安装可靠牢固,印制板安装对位;整机清洁无污物。给 10 分。

• B 级:缺少(1~2 个)元器件或插件;1~2 个插件位置不正确或元器件极性不正确;或元器件、导线安装及字标方向未符合工艺要求;1~2 处出现烫伤和划伤处,有污物。给 8 分。

• C 级:缺少(3~5 个)元器件或插件;3~5 个插件位置不正确或元器件极性不正确;或元器件、导线安装及字标方向未符合工艺要求;3~5 处出现烫伤和划伤处,有污物。给 6 分。

• 不入级:有严重缺少(6 个以上)元器件或插件;6 个以上插件位置不正确或元器件极性不正确;或元器件、导线安装及字标方向未符合工艺要求;6 处以上出现烫伤和划伤处,有污物。给4分。

【任务练习】

1.在旧印制板上练习贴片元器件的焊接。

2.以小组为单位总结与交流焊接的经验。

任务三　拆焊和 PCB 铜箔修复

【任务目标】

1.掌握印制板上装错或损坏元器件的拆焊方法。

2.会对印制板的损坏处进行简单必要的修复。

【任务分解】

在调试、例行试验或检验过程中,有时需要更换元器件和导线;在焊接、维修过程中可能会出现把焊上去的元器件取下来进行更换的情况。拆焊过程中的过度加热和弯折极易造成元器件或引线损坏,甚至焊盘脱落,也会使换下来但并没失效的元器件无法重新使用。

拆焊的原则:要尽量避免损坏元器件,要保证印制板不受损坏。

一、焊盘焊料的去除方法

• 专用空心针管:先用烙铁把焊点熔化,将专用空心针管的针头插入印制电路板上的焊点内,使元器件的引脚和印制电路板的焊盘脱离。

• 铜编织线:把在熔化的松香中浸过的铜编织线放在要拆的焊点上,然后将烙铁头放在铜编织线的上方,待焊点上的焊锡熔化后即可把铜编织线提起,重复几次即可把焊锡吸完。

• 气筒吸锡器:使用时只要将吸嘴对准焊点上熔化的焊锡即可吸除。

• 专用拆焊电烙铁:这种专用电烙铁用来拆卸集成电路、中频变压器等多引脚元器件,不易损坏元器件及电路板,当然也可以用吸锡电烙铁来拆焊。

二、有引脚元器件的拆焊训练

1.分点拆焊法

当需要拆焊的元器件引脚不多,且需拆焊的焊点距其他焊点较远时,多采用分点拆焊法。其步骤是将印刷电路板立起来,电烙铁加热焊点,当焊点的焊锡完全熔化时,用镊子或尖嘴钳夹住元器件引线,轻轻地把元器件拉出来,可同时以专用空心针管作为辅助。对电阻、电容类元器件均可采用分点拆焊法进行拆焊。

2.集中拆焊法

当需要拆焊的元器件的脚距很近时,可用烙铁同时加热几个焊接点,待焊锡熔化后一次拨出元器件;也可使用专用烙铁一次加热便将元器件取下。一般在对三极管等类元器件进行拆焊,可用集中拆焊法。

3.间断加热拆焊

一些带有塑料骨架的元器件,如中频变压器、线圈等,其骨架不耐高温,拆焊时,应除去焊接上的焊锡,露出轮廓,接着用划针挑开焊盘与引线残留焊料,最后用烙铁头对个别未清除焊锡接点加热并取下元器件。注意,拆焊过程中不能长时间集中加热。

清除焊盘插孔内焊料的方法:用适合的缝衣针或钢丝,从印制电路板的非焊盘面插入孔内,然后用电烙铁对准焊盘插线孔加热,待焊料熔化时,缝衣针便从中穿出,从而清除了孔内焊料。

三、贴片元器件的拆焊训练

在电路板上拆焊贴片元器件,一般都只能采用小功率的电烙铁,且烙铁头一般用尖头烙铁头。拆焊时,不允许用手直接去拿这些元器件,以避免电极氧化。一般用镊子夹着这类元器件的中心部位,实现等电位移动。在拆焊过程中也不允许对某一部位长时间加热或用力挤压。下面介绍几种常用的拆卸方法。

1.轮流加热法

用镊子夹住元器件中间部位,用烙铁头对几个元器件电极轮流加热,同时稍用力转动镊子,一旦能转动即可取下元器件。

2.等电位拆卸法

先用铜编织线包住元器件的所有电极,接着用电烙铁对其中的一个电极加热,等锡熔化了,稍用力拖拉编织线即可把元器件取下。

四、PCB 铜箔修复练习

由于各种原因,往往使印制板出现铜箔划痕、缺口、针孔、断线及焊盘或印制导线翘起等缺陷时,可采用下述方法进行修复。

1.跨接法

跨接法适用于两个焊盘之间的断线。当断线较长且板上需要修理的部位较少(不得多于两处)时,可先清除跨接点表面的涂覆层和焊料,再用异丙醇清洗干净。然后截取一段 22 号镀锡引线,钩焊或绕焊在所需连接的元器件引线上。导线较长时,还应套上套管。

2.搭接法

搭接法适用于一段印制线中间的断线。用橡皮擦净断线处两端的涂覆层(至少

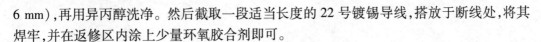

6 mm），再用异丙醇洗净。然后截取一段适当长度的 22 号镀锡导线，搭放于断线处，将其焊牢，并在返修区内涂上少量环氧胶合剂即可。

3.补铜箔法

用锋利刀片将印制导线损坏部位剥除，并将此处的基板打磨毛，按被补印制导线的形状，剪一块相同的环氧树脂黏接剂的薄膜，贴于已打磨毛的基板上。然后再剪一块稍长一点的打磨光洁的铜箔，压紧拉直后，两端焊接在两个断处即可。

4.铜箔导线起翘修复法

当印制导线与基板脱开而又保持不断时，可先将印制导线表面打磨光洁，再将它下面的基板打磨毛，然后在印制导线底面和基板上均匀涂上环氧树脂胶，加压固化即可。

【任务练习】

1.练习用分点拆焊法拆焊电阻、电容、二极管。

2.练习用气筒吸锡器拆焊三极管和多脚元器件。

3.对印制电路板作适当的修复练习。

项目六

简易电子产品的组装调测

【项目导读】

技能测试考试说明指出:考生现场操作,在规定时间内完成简易电子产品的安装、调试与测试。具体来说,包括以下三个方面的考试要求:一是根据电路原理图和 PCB 板,按照工艺要求完成电子产品的安装;二是正确使用仪器仪表,根据原理图调试出相应的电路功能;产品运行正常,按照要求测试电路的参数,把相关数据和波形记录在答题卡中;三是完成技能考试试卷中其他相应内容的解答。本章将依据上述要求对六个小型电子产品的安装、调试与测试进行详细的讲解,讲解时各有侧重点。

任务一　波形发生器的组装、调试与检测

【任务目标】

1.正确组装波形发生器。

2.调试出波形发生器的功能。

3.能正确使用专用仪器对相关参数进行测试。

【任务实施】

操作流程如图 6-1 所示。

图 6-1　操作流程

一、操作准备

首先检查工作台的仪器和工具是否齐全,然后校准仪器,用数字万用表测量直流稳压电源输出的电压和用示波器测量信号发生器产生的信号来对仪器进行校准,校准后开机预热,最后将电烙铁温度调到 350 ℃,进行加热,如图 6-2 所示。

（a）校准仪器万用表和稳压电源　　（b）校准示波器和信号发生器

（c）工具摆放

图 6-2　操作准备

二、阅读任务书

　　阅读任务书,根据核心元器件和电路图初步判断此电路将实现什么功能、需要多少电压供电、需要测量哪些参数,需要用到哪些仪器。波形发生器的任务书如下。

1.基本任务

　　图 6-3 为"波形发生器(2 信号输出)"电子产品的电路原理图,请根据提供的器材及元器件清单进行组装与测试,实现该产品的基本功能,满足相应的技术指标,并完成技能要求中相关的内容。

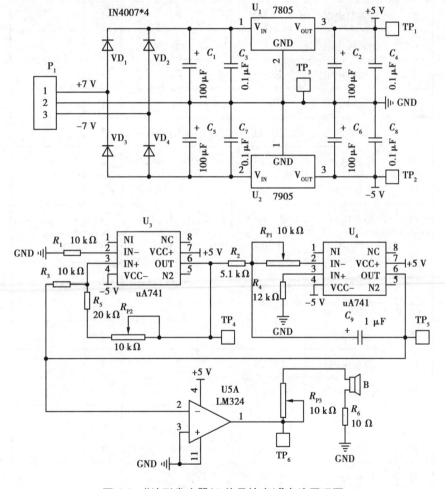

图 6-3　"波形发生器(2 信号输出)"电路原理图

2.元器件清单

表 6-1　元器件清单

序号	名称	型号规格	位置	数量	清点结果
1	SMT 三极管	9014(J6)	SMT 区 Q	1	
2	SMT 电容	1 nF	SMT 区 C	1	
3	SMT 集成块	LM358	SMT 区 U	1	
4	SMT 电阻	10 kΩ	SMT 区 R,R_1,R_3	3	
5	金属膜电阻	5.1 kΩ	R_2	1	
6	金属膜电阻	12 kΩ	R_4	1	
7	金属膜电阻	20 kΩ	R_5	1	
8	金属膜电阻	10 Ω	R_6	1	
9	蓝白电位器	10 kΩ	R_{P1},R_{P2},R_{P3}	3	
10	电解电容	100 μF	C_1,C_2,C_5,C_6	4	
11	电解电容	1 μF	C_9	1	
12	瓷片电容	0.1 μF	C_3,C_4,C_7,C_8	4	
13	二极管	1N4007	VD_1,VD_2,VD_3,VD_4	4	
14	集成电路	7805	U_1	1	
15	集成电路	7905	U_2	1	
16	集成电路	uA741	U_3,U_4	2	
17	集成电路	LM324	U_5	1	
18	无源蜂鸣器	5 V	B	1	
19	IC 座	DIP-8	U_3,U_4	2	
20	IC 座	DIP-14	U_5	1	
21	排针	单排针	$TP_1\sim TP_6,P_1$	9	
22	印制电路板	配套	—	1	
	合计			45	

3.技能要求

（1）常用电子元器件的判别、选用及测试（50分）

正确筛选出该电子产品所需的各类元器件，并判别电子元器件标称值、极性和引脚顺序等。同时，测试电子元器件的实际参数与好坏。

（2）小型电子产品电路安装（65分）

使用焊接工具焊装电路，元器件安装位置正确，焊点标准，焊装产品符合工艺要求。

（3）常用仪器仪表的使用（40分）

正确调试直流稳压电源、信号发生器等设备，且与电路正确连接；按照要求使用万用表、示波器等设备对电路进行相关测试等。

（4）小型电子产品通电测试（60分）

电子产品通电运行正常：使用给定的仪器仪表对相关电路进行测量，并把测量的结果填在答题卡的学生答题区中。

①电压测量。

使用 UT802 型台式万用表测试以下各点电位，填入下表。（20分）

测试点	TP_1	TP_2
电位（V）		

②波形测试 1（20分）。

接通电路后，调节电阻器 R_{P2} 测试 TP_4 的波形达到最大频率值，测试波形参数并绘制波形示意图。

TP_4 波形示意图（10分）	参考值（10分）	
	V_{pp}（峰峰值）	P_{rd}（周期）

③波形测试 2（20分）。

在 TP_4 的波形处于最大频率值时，测试 TP_5 的波形参数并绘制波形示意图。

TP$_5$波形示意图(10分)	参考值(10分)	
	V$_{pp}$(峰峰值)	P$_{rd}$(周期)
	电压/格	时间/格

(5)小型电子产品电路相关内容问答(10分)

正确识读电路图,包括电路中各元件的作用,电路的功能及工作原理等。请将正确答案填写在答题卡的学生答题区中。

问题1:集成运放 U$_5$ 在电路中起什么作用?

问题2:电位器 R_{P3} 在电路中起什么作用?

(6)职业素养与安全文明操作(25分)

举止文明、遵守秩序、爱惜设备、规范操作、摆放整齐、台面清洁等。

三、清点和检测元器件

根据元器件清单对元器件进行分类逐一清点,如图6-4所示,清点无误后在清点结果表格里打勾,见表6-2,如有坏的或缺失的应及时向老师汇报。

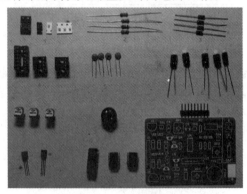

图6-4　分类清点元器件

表6-2　清点结果记录

序号	名称	型号规格	位置	数量	清点结果
1	SMT 三极管	9014(J6)	SMT 区 Q	1	√

续表

序号	名称	型号规格	位置	数量	清点结果
2	SMT 电容	1 nF	SMT 区 C	1	√
3	SMT 集成块	LM358	SMT 区 U	1	√
4	SMT 电阻	10 kΩ	SMT 区 R,R_1,R_3	3	√
5	金属膜电阻	5.1 kΩ	R_2	1	√
6	金属膜电阻	12 kΩ	R_4	1	√
7	金属膜电阻	20 kΩ	R_5	1	√
8	金属膜电阻	10 Ω	R_6	1	√
9	蓝白电位器	10 kΩ	R_{P1},R_{P2},R_{P3}	3	√
10	电解电容	100 μF	C_1,C_2,C_5,C_6	4	√
11	电解电容	1 μF	C_9	1	√
12	瓷片电容	0.1 μF	C_3,C_4,C_7,C_8	4	√
13	二极管	1N4007	VD_1,VD_2,VD_3,VD_4	4	√
14	集成电路	7805	U_1	1	√
15	集成电路	7905	U_2	1	√
16	集成电路	uA741	U_3,U_4	2	√
17	集成电路	LM324	U_5	1	√
18	无源蜂鸣器	5 V	B	1	√
19	IC 座	DIP-8	U_3,U_4	2	√
20	IC 座	DIP-14	U_5	1	√
21	排针	单排针	TP_1~TP_6,P_1	9	√
22	印制电路板	配套	—	1	√
	合计			45	√

四、元器件整形和焊接

根据原理图按照先小后大、先低后高、先里后外、先轻后重的顺序对元器件进行整形、安装并焊接,安装流程如图 6-5 所示。

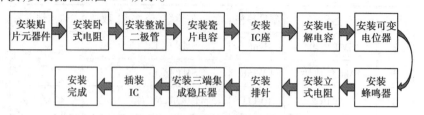

图 6-5　安装流程

1.安装贴片元器件

①根据原理图确定贴片元器件的安装位置;②打开贴片元器件的包装核对参数;③先用烙铁在焊盘的一端上好焊锡,再用镊子夹住贴片元器件居中放到焊盘区,焊好预前上锡的一端,最后焊好另一端如图 6-6 所示。焊接要点:元器件位置摆放要居中,焊锡量要均匀,焊点要光滑,焊盘要饱满。

　(a)贴片练习区焊接　　　　(b)电路中贴片元器件焊接

图 6-6　焊接贴片元器件

2.安装卧式电阻器

电阻器的封装如图 6-7(a)所示,该电阻器需要整形后再安装,特别是 R_6 需要选择立式安装方式,电阻整形如图 6-7(b)所示。安装时,注意电阻器首尾环方向一致,一般规定:正对板面横向安装首环在左,纵向安装首环在上,如图 6-7(c)所示。安装要点:电阻器贴板安装,焊点光滑、饱满。

　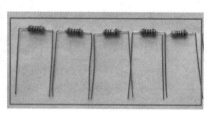　

　(a)观察电阻封装　　　　(b)电阻器整形　　　　(c)电阻器的安装

图 6-7　电阻器的安装

3.安装整流二极管

二极管封装如图 6-8(a)所示,焊盘之间的间距大,需要先进行整形后再安装,整形后如图 6-8(b)所示。安装时,二极管要放在封装居中位置,注意极性不要放反(有色环端为负极),封装上的色环要与元器件上的色环标识方向一致,如图 6-8(c)所示。安装要点:

焊接牢固,将引脚多余的部分用斜口钳剪掉,高度为离焊峰 1 mm,如图 6-9 所示。

（a）观察整流二极管封装　　　（b）整形二极管　　　（c）焊接二极管

图 6-8　整流二极管的安装

（a）剪脚前　　　　　　　　　　　（b）剪脚后

图 6-9　剪去多余引脚

4.安装瓷片电容

瓷片电容器的封装如图 6-10(a)所示,瓷片电容安装不需整形,也不需分极性,直接插装,安装标准离板面 1~2 mm,如图 6-10(b)所示。

（a）瓷片电容的封装　　　　　　　（b）安装瓷片电容

图 6-10　瓷片电容安装

5.安装 IC 座

观察 IC 封装,IC 缺口方向必须与封装标识方向一致,贴板安装,如图 6-11 所示。

（a）集成块封装　　　　　　　　（b）安装IC座

图 6-11　IC 座安装

6.安装电解电容

观察电解电容封装,无须整形,但要分清楚引脚极性。安装要点:贴板安装,如图 6-12 所示。

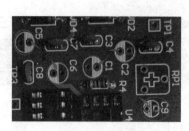 

（a）电解电容封装 　　　　　（b）电解电容安装

图 6-12　电解电容的安装

7.安装可变电位器

观察电位器的封装,电位器的 3 个焊盘呈三角形,需对位安装。安装要点:高度安装到限位处,如图 6-13 所示。

8.安装蜂鸣器

观察蜂鸣器的封装,无须整形,需要区别正负极。安装要点:贴板安装,如图 6-14所示。

（a）电位器的封装　　（b）安装电位器 　　　（a）蜂鸣器的封装　　（b）安装蜂鸣器

图 6-13　电位器的安装 　　　　　　　 图 6-14　蜂鸣器的安装

9.安装立式电阻

观察电阻 R_6 的封装,焊盘间距很小,可采用立式安装方式,引脚需要整形。安装要点:一端贴板安装,如图 6-15 所示。

（a）电阻封装　　　 （b）电阻整形　　　　 （c）安装电阻

图 6-15　立式电阻安装

10.安装排针

观察排针的封装,无须整形。安装要点:贴板安装,如图 6-16 所示。

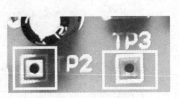 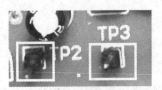

（a）排针封装　　　（b）安装排针

图 6-16　排针安装

11.安装三端集成稳压器

观察三端集成稳压器的封装可知,安装时要注意引脚排列顺序,焊盘间距较大需要整形,此电路有两个三端集成稳压器,外形一样但型号不一样,一个输出正电压,另一个输出负电压,安装时一定注意对型号。安装要点:离板面 3~5 mm,如图 6-17 所示。

（a）三端集成封装　　（b）整形　　（c）安装三端集成

图 6-17　三端集成稳压器的安装

12.插装 IC

插装 IC 时,要注意首脚标志与 IC 座子标志方向一致,如图 6-18 所示。
安装完成,如图 6-19 所示。

（a）集成底座　　（b）插装集成块

图 6-18　集成块插装　　　　　　图 6-19　安装成品

五、通电前检查

通电前,务必认真进行以下检查,确保全部正确无误。
①检查元器件的正确性。
②检查焊点是否合格。

③检查安装工艺是否合适。

六、通电

1.确定电路所需供电电压的大小和类型

观察和分析电路原理图,可知该电路需采用正负 7 V 的双电源供电。

2.设置电压

打开 UTP3705S 型直流稳压电源开关,先将接线端子的短接片接好,然后将工作方式选择键 MODE 按下,使其以串联方式工作,最后调节 CH1 通道的电压调节旋钮使其输出正负 7 V 的双电源,如图 6-20 所示。

3.校验电压

用数字万用表直流电压挡测量直流稳压电源输出电压,验证输出电压是否正确,如图 6-21 所示。

图 6-20　设置电压

（a）验证正电压　　（b）验证负电压

图 6-21　校验电压

4.给电路板供电

首先找到电路板上的供电端子,双电源共有 3 个供电端(两个正极一个负极,中间为接地端),如图 6-22 所示,然后用导线连接直流稳压电源输出端子和电路板供电端子,注意要先接负极,再接正极,如图 6-23 所示,最后用万用表测量电路板上的供电端子,判别供电是否正常,如图 6-24 所示。

图 6-22　供电端子

（a）接负极　　　　　　（b）接正极

图 6-23　连接电源

（a）检测正电源供电　（b）检测负电源供电

图 6-24　检测供电

七、功能调试

根据任务书要求结合原理图分析,将电路板的功能调试出来。调试时,有的现象可直接观察到,如显示数字、有指示灯亮、有声音等;有的现象则需要借助仪器来测量,如波形、电压等。

观察波形发生器电路板,没有指示灯,也没有数码管显示,只有一个蜂鸣器和几个波形测试点,可知接通电源后没有直观的功能显示。用螺丝刀调节电位器 R_{P3},蜂鸣器会发声;波形产生是否正常,需借助示波器来测量。

八、参数测量

1.静态参数测试

使用 UTP102 型台式万用表测试以下各点电位,填入下表。（10 分）

测试点	TP$_1$	TP$_2$
电位（V）		

操作步骤如下。

①插好表笔,打开台式万用表电源开关。

②将挡位开关拨到直流电压 20 V（原因是:电路中采用正负 7 V 双电源供电）。

③找到接地端（TP$_3$）和被测点（TP$_1$、TP$_2$）。

④连接被测点。先用黑表笔与地（TP$_3$）相接,再用红表笔与测试点（TP$_1$、TP$_2$）相接,如图 6-25 所示。

⑤读取数据,在台式万用表上读出被测电压值,如图 6-26 所示。

⑥理论分析验证测试结果是否正确。

根据电源部分原理图分析可知,TP$_1$ 与 7805 三端集成稳压器的 3 脚（输出脚）相接,7805 即为输出+5 V 电压,因此 TP$_1$ 对地电压也应为+5 V,TP$_2$ 与 7905 三端集成稳压器的

3 脚(输出脚)相接,7905 即为输出-5 V 电压,因此 TP$_5$ 对地电压也应为-5 V,证明测量正确。

图 6-25　测试电压　　　　　　　　　　　　图 6-26　读取数据

2.动态参数测试(12 分)

接通电源,调节电阻器 R_{P2},测试 TP$_4$ 的波形,使其达到最大频率值,测试波形参数并绘制波形示意图。

TP$_4$ 波形示意图(6 分)	参考值(6 分)	
	V$_{pp}$(峰峰值)	P$_{rd}$(周期)
	电压/格	时间/格

操作步骤:

①仔细读题,找出相关信息,用示波器测试 TP$_4$ 的波形,用螺丝刀调节 R_{P2} 使波形的频率达到最大值时读出相关数据记录在答案区中。

②在电路板中找到调试元器件 R_{P2}、波形测试点 TP$_4$ 和接地端 TP$_3$,如图 6-27 所示。

③校准示波器。使用示波器自身校准信号对其进行校准,确保仪器和探头正常,如图 6-28 所示。

④连接测试点。将示波器探头与电路板被测点进行连接,先接地再测试点,如图 6-29 所示。

⑤波形测量。按下示波器的自动测试键 AUTO,当显示屏显示出波形后,再按下自动测试功能键 MEASURE,调出参数记下此时的频率,如图 6-30(a)所示。然后用一字螺丝刀调节 R_{P2},注意观察波形频率变化的情况,当频率达到最大值时,停止调节,如图 6-30

（b）所示。

图 6-27　R_{P2}、TP_3、TP_4 位置

图 6-28　校准示波器

（a）接地

（b）接探头

图 6-29　连接测试点 TP_4

（a）测试 TP_4 波形

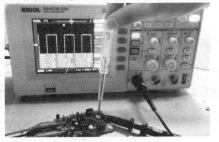

（b）调试 TP_4 波形的频率

图 6-30　测量 TP_4 的波形

⑥读数。在显示屏上读出相关数据，记录在答题区中，如图 6-31 所示。

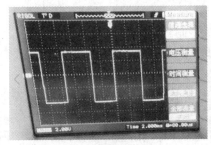

（a）TP_4 波形　　　　　　　　　　（b）TP_4 的参数

图 6-31　TP_4 的波形参数

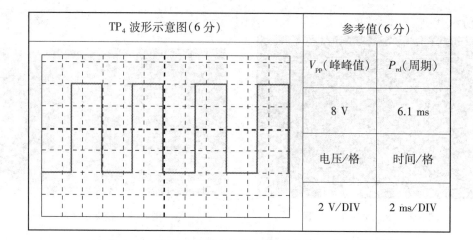

TP$_4$ 波形示意图(6分)	参考值(6分)	
	V_{pp}(峰峰值)	P_{rd}(周期)
	8 V	6.1 ms
	电压/格	时间/格
	2 V/DIV	2 ms/DIV

⑦分析原理图,验证波形及参数是否正确。分析原理图,集成运算放大器 U$_3$、U$_4$ 与反馈元件 R_{P2}、R_5、R_{P1}、C_5 构成 RC 振荡电路,产生矩形波从 TP$_4$ 输出,调节 R_{P2} 改变 U$_3$ 的反馈量,从而改变 TP$_4$ 的频率。实际测试出来波形为矩形波,调节 R_{P2} 可以改变频率,验证结果为正确。

3. 波形测试 2(13 分)

在 TP$_4$ 的波形处于最大频率值时,测试 TP$_5$ 的波形参数并绘制波形示意图。

TP$_5$ 波形示意图(7分)	参考值(6分)	
	V_{pp}(峰峰值)	P_{rd}(周期)
	电压/格	时间/格

①仔细读题,找出相关信息,在 TP$_4$ 的波形处于最大频率值时,测试 TP$_5$ 的波形参数并绘制波形示意图。

②在电路板中找到 TP$_5$,将示波器的探针从 TP$_4$ 上取下接到 TP$_5$ 上,并按下示波器的自动测试键 AUTO,观察显示波形,如图 6-32 所示。

③读取数据,记录数据。按下自动测试功能键 MEASURE 调出全部参数,如图 6-33 所示,并将相关数据填到答案卡中。

图 6-32　显示波形

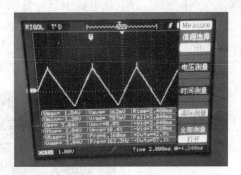

图 6-33　TP₅ 波形数据

TP₅ 波形示意图(6 分)	参考值(6 分)	
	V_{pp} (峰峰值)	P_{rd} (周期)
	3 V	6.1 ms
	电压/格	时间/格
	1 V/DIV	2 ms/DIV

④分析原理,验证数据。分析原理图,集成运算放大器 U_3、U_4 与反馈元件 R_{P2}、R_5、R_{P1}、C_5 构成 RC 振荡,产生矩形波从 TP₄ 输出,经过 R_2 和 C_9 组成的积分电路后从 TP₅ 输出,因积分电路具有把矩形波转换成三角形的功能,所以在 TP₅ 输出的波形为三角波,波形变换不改变频率,因此频率应与 TP₄ 的频率相同,与实际测得数据相符合,验证结果正确。

4.小型电子产品电路相关内容问答(10 分)

正确识读电路图,包括电路中各元件的作用,电路的功能及工作原理等。请将正确答案填写在答题卡的学生答题区中。

问题 1:集成运放 U_5 在电路中起什么作用?

解析:集成运放 U_5 的同相输入端接地,反相输入端与 TP₅ 相接,组成一个过零比较器,TP₅ 产生的三角波送到运放的反相输入端,大于 0 电平的部分被放大为低电平,小于 0 电平的部分被放大为高电平,从输出端输出矩形脉冲,驱动蜂鸣器发声。U_5 在电路中的作用是比较放大和波形变换。

问题 2:电位器 R_{P3} 在电路中起什么作用?

解析:电位器 R_{P3} 与蜂鸣器串联,调节 R_{P3} 可以改变流过蜂鸣器的电流大小,从而改变蜂鸣器发声的强弱。R_{P3}在电路中起音量调节作用。

九、工位整理

完成所有任务后,关闭仪器电源,整理工位,清扫场地,如图6-34所示。

图6-34 工位整理后的效果

【知识扩展】

1.完整电路的原理分析

±7 V的双电源从P_1送进来经桥式整流滤波和三端集成稳压后输出±5 V电源给后面的波形发生电路供电。集成运算放大器U_3、U_4与反馈元器件R_{P2}、R_5、R_{P1}、C_5构成RC振荡,产生矩形波从TP_4输出,经过R_2和C_9组成的积分电路后将矩形波变换成三角波从TP_5输出。TP_5输出的三角波一部分经过电阻R_3反馈到运算放大器U_3的同相输入端,另一部分送到集成运放U5A的反相输入端。U5A的同相输入端接地,组成一个过零过较器。TP_5产生的三角波送到运放的反相输入端,大于0电平的部分被放大为低电平,小于0电平的部分被放大为高电平,将三角波变换成矩形波从TP_6输出,驱动蜂鸣器发声。电位器R_{P3}与蜂鸣器串联,调节R_{P3}可以改变流过蜂鸣器的电流大小,从而改变蜂鸣器发声的强弱,控制蜂鸣器的音量。

2.故障排查

在操作过程中时常会出现功能调试不出来、测不出波形,元器件烧坏的现象,这时就需要查找故障,排除故障,下面以两个实例来介绍故障排查方法,排查流程如图6-35所示。

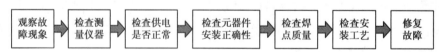

图6-35 排查流程

(1)TP_4、TP_5、TP_6测试点均没有输出波形

①观察故障现象,如图6-36所示。

②检查测量仪器。校准示波器,如图6-37所示,正常。

③检查供电是否正常。测量TP_1和TP_2的电压,如图6-38所示,发现TP_1测试电压偏高,应为+5 V,实测为5.4 V。

④检测元器件安装正确性。检测TP_1周边的元器件安装正确性,发现三端集成稳压

器 U_1 装反,如图 6-39 所示。

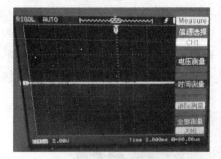

图 6-36　故障现象

图 6-37　校准示波器

图 6-38　测试电压

图 6-39　故障点 U_1 装反

⑤修复故障。调换 U_1,故障排除。

(2)通电电容 C_5 炸裂

电解电容炸裂的原因通常只有两种,一是极性接错,二是超过电解电容的耐压,电路所配的电解电容耐压都是高于正常工作电压的。超过耐压的原因通常也只有两种,一是输出电压设置过大,二是供电接法错误,具体原因则需逐一排查。

①观察故障现象,如图 6-40 所示。电容 C_5 已炸裂,观察其电容极性接法正确,表明故障原因是超过耐压导致的。

图 6-40　故障现象 C_5 炸裂

②检查供电电压。波形发生器采用±7 V 双电源供电,观察稳压电源显示屏如图

6-41(a)所示,CH1 通道显示为 7.2 V,CH2 通道则显示为 31.5 V。故障分析:故障原因出在稳压电源,此时工作方式是独立而不是串联,独立方式工作时两个通道互不影响,CH2通道应输出-7 V,现在输出 31.5 V,而电解电容 C_5 的耐压只有 10 V,所加电压超出其耐压值,因此导致电容炸裂。还有一种情况,稳压电源输出电压是正常的,那就要检查供电接线顺序,正确接法是先接地,后接正负电源,如果先接正负电源,最后接地则也会导致接入双倍的设置电压超过电容耐压而炸裂,如图 6-41(b)所示。

(a)稳压电源模式选错　　　　(b)接电顺序错

图 6-41　故障原因

③故障排除。针对模式选错的故障原因,将工作方式 MODE 按键按下,使其以串联方式工作,这时 CH2 通道的电压会自动跟随 CH1 通道,输出 ±7 V 的双电源,然后更换电解电容 C_5,故障修复。针对接电顺序错的故障原因,更换炸裂的电解电容,纠正接电顺序,重新供电,故障修复。

任务二　OTL 功放的组装、调试与检测

【任务目标】

1.正确组装 OTL 功放电路。

2.调试出 OTL 功放的功能。

3.正确使用专用仪器对相关参数进行测试。

【任务实施】

操作流程如图 6-42 所示。

图 6-42　操作流程

一、操作准备

先检查工作台的仪器和工具是否齐全,然后校准仪器,校准后开机预热,最后将烙铁温度调到350 ℃进行预热,如图6-43 所示。

图 6-43　操作准备

二、阅读任务书

阅读任务书,根据核心元器件和电路图初步判断此电路将实现什么功能、需要多少电压供电、需要测量哪些参数,需要用到哪些仪器。OTL 功放的任务书如下。

1.基本任务

图 6-44 为分立元器件构成的 OTL 复合管功率放大电路原理图,请根据提供的器材及元器件清单进行组装与测试,实现该产品的基本功能,满足相应的技术指标,并完成技能要求中相关的内容。

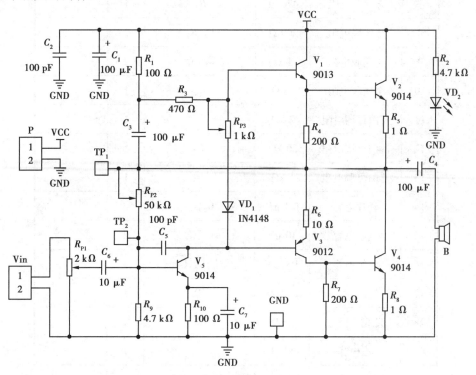

图 6-44　电路原理图

2.常用电子元器件的识别、测试、选用(50 分)

①请根据元器件清单表清点元器件数目和目测 PCB 板有无明显缺陷,不得丢失、损坏元器件,每丢失或损坏 1 个元器件扣 5 分。(10 分)

②清点无误后在表格的"清点结果"栏填上"√"(不填写"清点结果"的不得分)。

(20分)

③用万用表测试常用电子元器件并判断其好坏,损坏的元器件举手调换,见表6-3。
(30分)

表6-3　元器件清单

序号	名称	型号规格	位置	数量	清点结果
1	SMT 三极管	9014(J6)	SMT 区 Q	1	
2	SMT 电阻	10 kΩ	SMT 区 R	1	
3	SMT 电容	1 nF	SMT 区 C	1	
4	SMT 集成块	LM358	SMT 区 U	1	
5	金属膜电阻	100 Ω	R_1,R_{10}	2	
6	金属膜电阻	4.7 kΩ	R_2,R_2	2	
7	金属膜电阻	470 Ω	R_3	1	
8	金属膜电阻	200 Ω	R_4,R_7	2	
9	金属膜电阻	1 Ω	R_5,R_8	2	
10	金属膜电阻	10 Ω	R_6	1	
11	蓝白可调电阻	2 kΩ	R_{P1}	1	
12	蓝白可调电阻	50 kΩ	R_{P2}	1	
13	蓝白可调电阻	1 kΩ	R_{P3}	1	
14	瓷片电容	0.1 μF	C_2,C_5	2	
15	电解电容	10 μF	C_6,C_7	2	
16	电解电容	100 μF	C_1,C_3,C_4	3	
17	二极管	1N4148	VD_1	1	
18	发光二极管	LED	VD_2	1	
19	三极管	9013	V_1	1	
20	三极管	9014	V_2,V_4,V_5	3	
21	三极管	9012	V_3	1	
22	喇叭	—	B	1	
23	电源端子	KF301-2P	P	1	

续表

序号	名称	型号规格	位置	数量	清点结果
24	排针	单排针	Vin、TP_1、TP_2、GND	5	
25	导线	—	—	1	
26	印制电路板	配套	—	1	
	合计			40	

3.简易电子产品电路的安装(65分)

根据电路原理图,按照工艺要求完成简易电子产品电路的安装。

(1)焊接工艺要求

PCB上各元器件焊点大小适中,无漏焊、虚焊、假焊、连焊、堆焊,焊点光滑、圆润、干净、无毛刺、无针孔。不符合要求每一处扣5分,直到扣完为止。

(2)装配工艺要求

PCB上元器件不漏装、错装,不损坏元器件,元器件极性安装正确,接插件安装可靠牢固,集成块需安装底座,整机清洁无污物、无烫伤、划伤,元器件标识符方向符合工艺要求,元器件引脚修剪符合工艺要求。不符合要求每一处扣5分,直到扣完为止。

4.简易电子产品电路的通电测试(110分)

装接完毕,检查无误后,正确使用工位上提供的仪器仪表对电路的功能及参数进行测量,并记录相关数据和波形,如有故障应进行排除再通电。

(1)常用仪器仪表使用(40分)

①检查示波器,填写下表。(10分)

型号	
是否正常	

②检查无误后,将直流稳压电源输出 DC5 V 后连接到电路板,VD_2 发光。(20分)

③检查函数信号发生器,填写下表。(10分)

型号	
是否正常	

(2)通电电路调试(30分)

①调节 R_{P2} 使中点电位为电源电压的一半。(10分)

②R_{P3}阻值调节不能过大,阻值太大 V_2、V_4 发热可能损坏,阻值过小可能产生交越失真。(10分)

③用万用表测试以下各点电位,填入下表。(10分)

测试点	TP$_1$	TP$_2$
电位(V)		

（3）通电电路测试(40分)

用函数信号发生器输出 1 kHz、100 mVpp 的正弦波,接入电路板 Vin,参照原理图将 R_{P1} 调到最上端,用示波器测试 TP$_1$ 的最大不失真波形,并记入下表。

TP$_1$ 波形示意图(20分)	参考值(20分)	
	V_{pp}（峰峰值）	P_{rd}（周期）
	电压/格	时间/格

5.职业素养与安全文明操作(共 25 分)

举止文明、遵守秩序、爱惜设备、规范操作、摆放整齐、台面清洁等。

三、清点和检测元器件

根据元件清单对元器件进行分类逐一清点,如图 6-45 所示,清点无误后在清点结果表格里打钩,见表6-4,若有坏的或缺失的元器件及时向老师汇报。

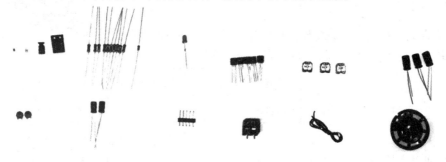

图 6-45　分类清点元器件

表 6-4　清点结果记录

序号	名称	型号规格	位置	数量	清点结果
1	SMT 三极管	9014(J6)	SMT 区 Q	1	√
2	SMT 电阻	10 kΩ	SMT 区 R	1	√
3	SMT 电容	1 nF	SMT 区 C	1	√
4	SMT 集成块	LM358	SMT 区 U	1	√
5	金属膜电阻	100 Ω	R_1,R_{10}	2	√
6	金属膜电阻	4.7 kΩ	R_2,R_2	2	√
7	金属膜电阻	470 Ω	R_3	1	√
8	金属膜电阻	200 Ω	R_4,R_7	2	√
9	金属膜电阻	1 Ω	R_5,R_8	2	√
10	金属膜电阻	10 Ω	R_6	1	√
11	蓝白可调电阻	2 kΩ	R_{P1}	1	√
12	蓝白可调电阻	50 kΩ	R_{P2}	1	√
13	蓝白可调电阻	1 kΩ	R_{P3}	1	√
14	瓷片电容	0.1 μF	C_2,C_5	2	√
15	电解电容	10 μF	C_6,C_7	2	√
16	电解电容	100 μF	C_1,C_3,C_4	3	√
17	二极管	1N4148	VD_1	1	√
18	发光二极管	LED	VD_2	1	√
19	三极管	9013	V_1	1	√
20	三极管	9014	V_2,V_4,V_5	3	√
21	三极管	9012	V_3	1	√
22	喇叭	—	B	1	√
23	电源端子	KF301-2P	P	1	√
24	排针	单排针	Vin,TP_1,TP_2,GND	5	√
25	导线	—	—	1	√

续表

序号	名称	型号规格	位置	数量	清点结果
26	印制电路板	配套	—	1	√
合计				40	√

四、元器件整形和焊接

根据原理图按照先小后大、先低后高、先里后外、先轻后重的顺序对元器件进行整形安装并焊接好,安装流程和具体操作步骤如图6-46所示。

安装贴片元器件 → 安装卧式电阻 → 安装玻封二极管 → 安装发光二极管 → 安装瓷片电容 → 安装小电解电容 → 安装排针

安装三极管 → 安装电位器 → 安装大电解电容 → 安装接线端子 → 安装立式电阻 → 安装扬声器 → 安装完成

图6-46 操作流程

1.安装贴片元器件

①根据原理图结合元件清单确定贴片元器件的安装位置和对应参数;②打开贴片元器件的包装核对参数;③先用烙铁在焊盘的一端上好焊锡再用镊子夹住贴片元器件居中放到焊接区焊好预前上锡的一端,最后焊好另一端,如图6-47所示。

图6-47 焊接贴片元器件

安装要点:元器件位置摆放要居中,焊锡量要均匀,焊点要光滑,焊盘要饱满。

2.安装卧式电阻器

观察电阻器的封装,如图6-48(a)所示,焊盘之间的间距较大,需要整形后再安装,整形后的电阻如图6-48(b)所示,安装时,注意电阻器首尾环方向一致。一般规定为:正对板面横向安装首环在左,纵向安装首环在上,如图6-48(c)所示。

安装要点:电阻器贴板安装,焊点光滑、饱满。

3.安装玻封二极管

先观察玻封二极管的封装,如图6-49(a)所示,焊盘之间的间距较大,需要整形后再安装,整形后如图6-49(b)所示,安装时元器件要放在封装居中位置,注意极性,有色环端为负极,封装上的色环要与元器件上的色环标识方向一致如图6-49(c)所示。注意:玻封

 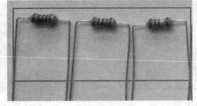 

（a）观察电阻封装 （b）电阻器整形 （c）电阻器的安装

图6-48 电阻器的安装

二极管易破损，应轻拿轻放。

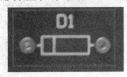  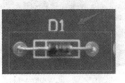

（a）观察玻封二极管封装 （b）整形玻封二极管 （c）焊接玻封二极管

图6-49 玻封二极管的安装

4.安装发光二极管

观察发光二极管的封装如图6-50（a）所示，焊盘之间的间距合适，无须整形，直接安装。安装时要注意极性正负，有平面的一端为负极，应贴板安装，如图6-50（b）所示。

5.安装瓷片电容

观察瓷片电容器的封装如图6-51（a）所示，瓷片电容安装不需整形，也不需分极性，直接插装，如图6-51（b）所示。安装要点：高度离板面1~2 mm。

（a）发光二极管封装 （b）安装二极管 （a）瓷片电容的封装 （b）安装瓷片电容

图6-50 发光二极管的安装 图6-51 瓷片电容的安装

6.安装小电解电容

在清点元器件时发现此电路的电解电容有两种型号。其中，C_6、C_7尺寸小、高度低，C_1、C_3、C_4尺寸较大、高度高。根据先低后高的安装顺序，这一步先安装C_6、C_7，观察其封装如图6-52（a）图所示，焊盘之间的间距较大，需要整形后再安装，要注意极性，有白色线条端为负极，贴板安装，如图6-52（b）所示。

7.安装排针

观察排针的封装如图6-53（a）所示，无须整形，如图6-53（b）所示。安装要点：贴板安装。

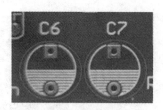
（a）电解电容封装

（b）安装电解电容

图 6-52 电解电容的安装

（a）排针封装

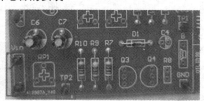
（b）安装排针

图 6-53 排针的安装

8.安装三极管

观察三极管的封装如图 6-54（a）所示，焊盘间距较大，需整形后再安装，整形完成如图 6-54（b）所示，安装时要注意极性，与封装同向安装，安装完成如图 6-54（c）所示。安装要点：高度离板面 4~6 mm。安装提示：本电路有 9012、9013、9014 三种型号的三极管，不同型号的管型和放大倍数是不同的，安装时一定注意核对型号。

（a）三极管封装

（b）三极管整形

（c）安装三极管

图 6-54 三极管的安装

9.安装电位器

观察电位器的封装如图 6-55（a）所示，电位器的 3 个焊盘呈三角形，间距合适，无须整形，只需对位安装，安装完成如图 6-55（b）所示。安装要点：高度安装到限位处。安装提示：本电路共配有 3 个不同阻值的电位器，外形一样，安装时要核对阻值。

10.安装大电解电容

观察电解电容封装，无须整形，但要区分极性正负，如图 6-56 所示。安装要点：贴板安装。

11.安装接线端子

观察接线端子的封装如图 6-57（a）图所示，焊盘之间的间距合适，无须整形，安装时要注意极性和方向，正方形焊盘为正极，圆形焊盘为负极，接线端口面向电路板边沿，方便接电,安装完成如图6-57(b)所示。安装要点:贴板安装。

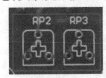

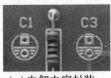

(a)电位器的封装　　(b)安装电位器　　　　(a)电解电容封装　　(b)电解电容安装

图6-55　电位器的安装　　　　　　　图6-56　电解电容的安装

12.安装立式电阻

观察电阻R_8的封装如图6-58(a)所示,焊盘间距很小,需要采用立式安装方式,电阻的引脚需要整形,整形完成如图6-58(b)所示。安装要点:一端贴板安装,如图6-58(c)所示。

(a)蜂鸣器的封装　(b)安装蜂鸣器　　(a)电阻封装　(b)电阻整形　　(c)安装电阻

图6-57　接线端子的安装　　　　　　图6-58　立式电阻安装

13.安装扬声器

观察扬声器封装和配件如图6-59(a)、(b)所示,扬声器与电路板之间用软导线连接,不分极性,导线焊接前上锡后可靠连接即可,如图6-59(c)所示。安装完成,如图6-60所示。

(a)扬声器封装　　(b)扬声器　　　　　　　(c)安装扬声器

图6-59　扬声器的安装

五、通电前检查

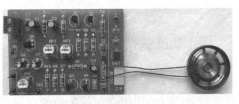

通电前,务必认真进行以下检查,全部正确无误。

①检查元器件的正确性。

②检查焊点是否合格。

图6-60　安装成品

③检查安装工艺是否合适。

六、通电

根据任务书的要求,正确使用直流稳压电源为电路板供电,具体操作步骤如下。

1.确定电路所需供电电压的大小和类型

根据任务书要求,此电路需提供直流 5 V 电压。

2.设置电压

打开 UTP3705S 型直流稳压电源开关,将工作方式选择键 MODE 弹起,使其以独立方式工作,默认选择 CH1 通道供电,调节 CH1 通道的电压调节旋钮使其输出 5 V 电压。

3.校验电压

用数字万用表直流电压挡测量直流稳压电源输出电压,验证输出电压是否正确,如图 6-61 所示。

4.给电路板供电

先找到电路板上的接线端子,将其压线端口螺母拧松,再用导线连接直流稳压电源输出端子和电路板供电端子。注意要先接负极,再接正极,接好后拧紧螺母,如图 6-62 所示,此时电源指示灯亮。

图 6-61 校验电压

图 6-62 供电

七、功能调试

根据任务书要求通电后完成以下调试。

①调节 R_{P2} 使中点电位为电源电压的一半。(10 分)

操作步骤如下。

第一步:找到 R_{P2} 和中点电位测试点 TP_1,准备好螺丝刀和万用表。

第二步:用万用表直流电压 20 V 挡测量中点电位(TP_1 对地电压),观察读数是否为 2.5 V,因为电路供电电压为 5 V,一半则为 2.5 V。

第三步:在测量的同时,用一字螺丝刀调节 R_{P2},直到电压为 2.5 V 为止,如图 6-63 所示。

②用万用表测试以下各点电位,填入下表。(10 分)

测试点	TP_1	TP_2
电位(V)		

图 6-63　中点电位

操作步骤如下。

第一步:在电路板上找到 TP_1 和 TP_2 测试点。

第二步:用万用表直流电压 20 V 挡,分别测量 TP_1 和 TP_2 对地电压,先接地,后接测试点,如图 6-64 所示。

(a)测试TP_1电压　　　　　(b)测试TP_2电压

图 6-64　测试 TP_1 和 TP_2 电压

第三步:读取数据。

第四步:分析原理,验证结果。

八、参数测量

使用函数信号发生器产生一个频率为 1 kHz、幅度合适的正弦波,接入电路板 Vin,参照原理图将 R_{P1} 调到最上端,用示波器测试 TP_1 的最大不失真波形,并记入下表。

TP₁ 波形示意图(20分)	参考值(20分)	
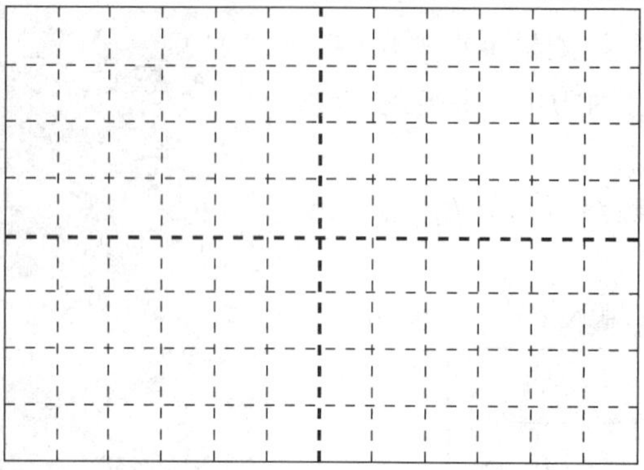	V_{pp}(峰峰值)	P_{rd}(周期)
	电压/格	时间/格

操作步骤如下。

1.分析题意

根据任务使用函数信号发生器产生一个频率为 1 kHz、幅度合适的正弦波,接入电路板 Vin,将 R_{P1} 调到最上端,用示波器测试 TP₁ 的最大不失真波形,结合原理图分析可知,TP₁ 测试点为 OTL 功放的输出端,如图 6-65 所示。OTL 功率放大器具有放大信号的功能,要测量 TP₁ 的最大不失真波形,则需通过调节信号输入的幅度和 P_{R3} 的大小来实现,因此题目中说到产生一个幅度合适的正弦波,可先预设一个 100 mV 的信号送入电路中,再慢慢减小或增大幅度直到波形达到最大不失真时即可。

2.测试准备

在电路板上找到信号输入端 Vin、R_{P1} 和 TP₁ 测试点,准备好一字螺丝刀。

3.设置信号

使用函数信号发生器,设置 CH1 通道参数,输出频率为 1 kHz、幅度为 100 mV_{pp} 的正弦波,用示波器测试函数信号发生器输出信号,验证设置参数,如图 6-66 所示。

提示:一是函数信号发生器参数设置通道要与输出通道一致,二是要将输出通道开关置于打开位置。

4.连接信号

将函数信号发生器产生的信号送入电路板上的 Vin 端,将示波器探头与电路板被测点 TP₁ 连接。提示:先接地再测试点,如图 6-67 所示。

5.波形测量

按下示波器的自动测试键 AUTO,当显示屏显示出波形后,观察波形是否失真,如果只有一个半周失真,适当调节 R_{P3},若调节 R_{P3} 不能恢复或出现两个半周都失真的情况,则说明预设信号幅度大了,需减小信号幅度。等波形正常后再按下自动测试功能键 MEASURE 调出参数,查看此时输出信号的幅度 V_{PP},然后用一字螺丝刀将 R_{P1} 调到最上端,即信号幅度最大时,接着逐渐减小信号发生器的信号幅度,观察示波器显示屏上的波形变化的

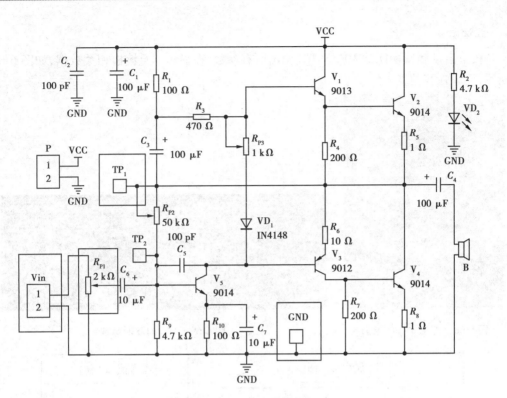

图 6-65　OTL 功放原理图

情况,当观察到波形刚出现失真时,立即停止调节,此时即为最大不失真波形,如图 6-68
所示。

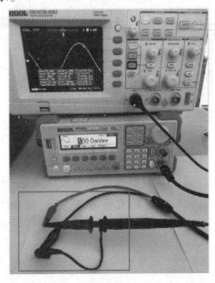

图 6-66　测试设置信号

图 6-67　连接信号

6.读数

按下自动测试功能键 MEASURE 调出所有参数,在显示屏上读出相关数据,如图 6-69 所示,记录在答题表中。

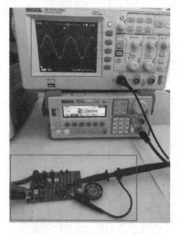

Vmax= 3.40V	Vavg= 2.55V	Rise=308.0us
Vmin= 1.30V	Vrms= 2.65V	Fall=304.0us
Vpp= 2.10V	Vovr=0.6%	+Wid=556.0us
Vtop= 3.38V	Vpre=0.6%	-Wid=444.0us
Vbas= 1.35V	Prd=996.0us	+Duty=55.8%
Vamp= 2.03V	Freq=1.004kHz	-Duty=44.6%
500mV		Time 200.0us

图 6-68　测量 TP₁ 的波形 　　　　　　　　　　图 6-69　TP₁ 的波形参数

TP₁ 波形示意图(20 分)	参考值(20 分)	
	V_{pp}(峰峰值)	P_{rd}(周期)
	2.1 V	1 ms
	电压/格	时间/格
	500 mV/DIV	200 μs/DIV

7.分析原理图,验证波形及参数

观察原理图,TP₁ 测试点为 OTL 功放的输出端,功放具有放大信号的幅度功能,不能改变频率和波形,因此输入频率为 1 kHz、幅度为 50 mV 的正弦波信号,输出信号频率和波形应和输入信号一致,幅度应被放大,测量值为 2.1 V,相对输入的 50 mV 信号被放大40 倍,验证结果为正确。

九、工位整理

完成所有任务后,关闭仪器电源,整理工位,清扫场地。

知识扩展

1.完整电路原理分析

信号从 Vin 输入,经过 R_{P1} 送到 V_5 的基极,调节 R_{P1} 可调节信号输入的大小,从而控制输出的大小,起到音量控制作用,三极管 V_5 与外围元件构成分压式偏置放大器,起激励放大作用,将信号激励放大后送到后面由 V_1、V_2、V_3、V_4 构成的互补推挽输出放大极,V_1 和 V_2 构成 NPN 型复合管放大正半周信号,V_3 和 V_4 构成 PNP 型复合管放大负半周信号,信号通过电容 C_4 耦合输出,驱动扬声器发声,R_{P1} 是调节中点电位的,为确保电路正确工作要求将其调节输入电源电压的一半,R_{P3} 是调节输出功率放大器的静态工作点的,避免波形失真。

2.故障排查

在操作过程中时常会出现功能调试不出来、测不出波形,元器件烧坏的现象,这时就需要查找故障,排除故障,下面以一个实例来演示故障排查方法,排查流程如图 6-70 所示。

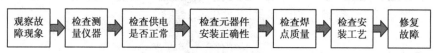

图 6-70　排查流程

3.TP$_2$ 测试点没有输出波形

①观察故障现象,如图 6-71 所示。

②检查仪器。检查函数信号发生器设置的参数,用示波器直接测量函数信号发生器输出的信号。

③检查供电是否正常。使用万用表测量接线端子 TP$_1$ 两端是否有 5 V 输入电压,检查电源指示灯是否亮。

④检测元器件安装正确性。通过检查发现三极管 V_3 装反,如图 6-72 所示。

图 6-71　故障现象　　　　　　图 6-72　故障点

⑤修复故障。更换 V_3,故障排除。

任务三 红外倒车雷达的组装、调试与检测

【任务目标】

1.正确组装红外倒车雷达。

2.调试出红外倒车雷达的功能。

3.能正确使用专用仪器对相关参数进行测试。

【任务分析】

操作流程如图 6-73 所示。

图 6-73 操作流程

一、操作准备

先检查工作台的仪器和工具是否齐全,再校准仪器,用数字万用表测量直流稳压电源输出的电压和用示波器测量信号发生器产生的信号来对仪器进行校准。

二、阅读任务书

阅读任务书,根据核心元器件和电路图初步判断此电路将实现什么功能、需要多少电压供电、需要测量哪些参数、需要用到哪些仪器。红外倒车雷达的任务书如下。

1.基本任务

图 6-74 为"红外倒车雷达"的电路原理图。当传感器上方遮挡物不同距离时,点亮的 LED 数量不同,距离越近时,发光二极管亮的数量越多,无遮挡物时则不亮,即模拟简易倒车雷达电路。

请根据提供的器材及元器件清单进行焊接与测试,实现该电路的基本功能,满足相应的技术指标,并完成技能要求中相关的内容。

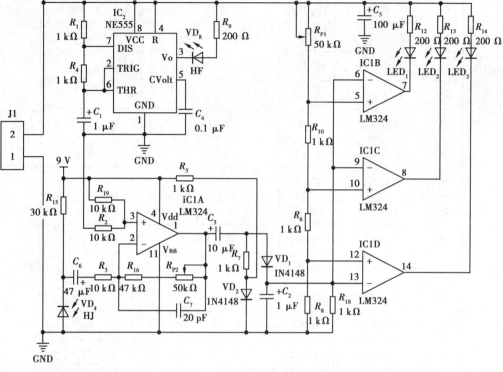

图 6-74　"红外倒车雷达"电路原理图

2.元器件清单(表 6-5)

表 6-5　元器件清单表

序号	名称	型号规格	位置	数量	清点结果
1	贴片三极管	9014(J6)	SMT 区 Q	1	
2	贴片电容	1 nF	SMT 区 C	1	
3	贴片 IC	LM358	SMT 区 U	1	
4	贴片电阻	1 kΩ	SMT 区 R,R_1,R_4,R_5, R_6,R_7,R_8,R_{10},R_{18}	9	
5	金属膜电阻	10 kΩ	R_2,R_3,R_{19}	3	
6	金属膜电阻	200 Ω	R_9,R_{12},R_{13},R_{14}	4	
7	金属膜电阻	30 kΩ	R_{15}	1	
8	金属膜电阻	47 kΩ	R_{16}	1	
9	蓝白可调电阻	50 kΩ	R_{P1},R_{P2}	2	

续表

序号	名称	型号规格	位置	数量	清点结果
10	发光二极管	LED	LED_1,LED_2,LED_3	3	
11	瓷片电容	20 PF	C_7	1	
12	瓷片电容	0.1 μF	C_4	1	
13	电解电容	1 μF	C_1,C_2	2	
14	电解电容	10 μF	C_3	1	
15	电解电容	47 μF	C_6	1	
16	电解电容	100 μF	C_5	1	
17	二极管	1N4148	VD_1,VD_2	2	
18	集成电路	NE555	IC_2	1	
19	集成电路	LM324	IC_1	1	
20	IC 插座	DIP-8	IC_2	1	
21	IC 插座	DIP-14	IC_1	1	
22	红外发射管	5 mm	HF	1	
23	红外接收管	5 mm	HJ	1	
24	排针	单排针	J_1,VCC,GND	4	
25	印制电路板	配套	—	1	
合计				46	

3.技能要求

（1）常用电子元器件的判别、选用、测试（50 分）

正确判别常用电子元器件标称值、极性和引脚顺序；根据电路图正确筛选元器件；用万用表测试常用电子元器件的参数并判断其好坏。

（2）简易电子产品电路的安装（65 分）

根据电路原理图，按照工艺要求完成电子产品电路的安装。

（3）简易电子产品电路的通电测试（110 分）

正确使用常用仪器仪表对电路的功能及参数进行测量，并记录相关数据和波形。

①仪器仪表的使用。（40 分）

正确调试直流稳压电源使输出 9 V+0.1 V 为电路规定电压值，将电源电压接入电路；

使用万用表、示波器等设备对电路进行相关测试等。

②电路参数测试。（70 分）

电路安装完成,经检测无误后,使用调试工具调整电路相关元器件实现功能要求,使用给定的仪器仪表对电路相关点进行测试,并把测量的结果填在答题卡的学生答题区中。

● 通电电路调试（30 分）

使用调试工具调整电路相关元器件,实现功能为当传感器上方遮挡物距离不同时,被点亮的 LED 数量不同,距离越近时,LED 点亮的数量越多,无遮挡物时则 LED 全灭。

● 通电电路测试（40 分）

A.LED 在不同状态下,用万用表测量 IC_1 部分引脚电位。（12 分）

LED 状态	IC_1(13)脚	IC_1(5)脚	IC_1(10)脚	IC_1(7)脚	IC_1(8)脚	IC_1(14)脚
LED 全灭						
LED_3 亮						
LED_2、LED_3 亮						
LED 全亮						

B.波形测量。（28 分）

用示波器测量 IC_2 的 3 脚输出波形,将波形示意图及参数填入表中。要求:示波器水平坐标为 500 μs/格,纵向坐标为 2 V/格。

IC_2 的 3 脚(14 分)	波形参数值(14 分)	
	V_{pp}(峰峰值)	P_{rd}(周期)

(4)职业素养与安全文明操作(25 分)

举止文明、遵守秩序、爱惜设备、规范操作、摆放整齐、台面清洁等。

三、清点和检测元器件

根据元器件清单对元器件进行分类逐一清点,如图 6-75 所示,清点无误后在清点结果表格里打钩,见表 6-6,如有坏的或缺失的元器件及时向老师汇报。

图 6-75 清点元器件

表 6-6 清点结果记录

序号	名称	型号规格	位置	数量	清点结果
1	贴片三极管	9014(J6)	SMT 区 Q	1	√
2	贴片电容	1 nF	SMT 区 C	1	√
3	贴片 IC	LM358	SMT 区 U	1	√
4	贴片电阻	1 kΩ	SMT 区 $R,R_1,R_4,R_5,R_6,$ R_7,R_8,R_{10},R_{18}	9	√
5	金属膜电阻	10 kΩ	R_2,R_3,R_{19}	3	√
6	金属膜电阻	200 Ω	R_9,R_{12},R_{13},R_{14}	4	√
7	金属膜电阻	30 kΩ	R_{15}	1	√
8	金属膜电阻	47 kΩ	R_{16}	1	√
9	蓝白可调电阻	50 kΩ	R_{P1},R_{P2}	2	√
10	发光二极管	LED	LED_1,LED_2,LED_3	3	√
11	瓷片电容	20 pF	C_7	1	√
12	瓷片电容	0.1 μF	C_4	1	√
13	电解电容	1 μF	C_1,C_2	2	√
14	电解电容	10 μF	C_3	1	√
15	电解电容	47 μF	C_6	1	√
16	电解电容	100 μF	C_5	1	√

续表

序号	名称	型号规格	位置	数量	清点结果
17	二极管	1N4148	VD_1,VD_2	2	√
18	集成电路	NE555	IC_2	1	√
19	集成电路	LM324	IC_1	1	√
20	IC 插座	DIP-8	IC_2	1	√
21	IC 插座	DIP-14	IC_1	1	√
22	红外发射管	5 mm	HF	1	√
23	红外接收管	5 mm	HJ	1	√
24	排针	单排针	J_1,VCC,GND	4	√
25	印制电路板	配套	—	1	√
合计				46	√

四、元器件整形和焊接

根据原理图按照先小后大、先低后高、先里后外、先轻后重的顺序对元器件进行整形、安装并焊接,安装流程和具体操作步骤如图 6-76 所示。

图 6-76　操作步骤

1.安装贴片元器件

①根据原理图确定贴片元器件的安装位置;②打开贴片元器件的包装并核对参数;③先用烙铁在焊盘的一端上好焊锡,再用镊子夹住贴片元器件居中放到焊接区,焊好预先上锡的一端,最后焊好另一端。焊接要点:元器件位置摆放要居中,焊锡量要均匀,焊点要光滑,焊盘要饱满,如图 6-77 所示。

2.安装开关二极管和电阻

开关二极管为玻璃封装,比色环电阻小,按照先小后大的安装原则,先安装开关二极管再安装色环电阻。二极管、电阻器的封装如图 6-78(a)所示,二极管、电阻器整形后再安装,整形如图 6-78(b)所示。安装时,注意二极管正负极与 PCB 板中封装一致,色环电

(a)贴片练习区焊接

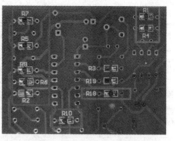

(b)电路中贴片元器件焊接

图 6-77　焊接贴片元器件

阻首尾环方向一致,一般标准为:正对板面横向安装首环在左,纵向安装首环在上,如图 6-78(c)所示。安装要点:电阻器离板面高板为 1 mm,焊点光滑、饱满。

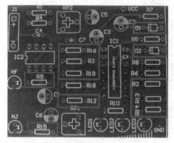

(a)观察二极管、电阻封装

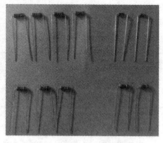

(b)二极管、电阻器整形

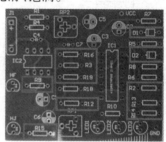

(c)二极管、电阻器的安装

图 6-78　电阻器的安装

3.安装瓷片电容及 IC 座子

瓷片电容安装时不区分正负极,直接插装;安装 IC 座子时,必须保证 IC 座子缺口方向与首脚标志方向一致,并贴板安装,不得出现 IC 座子漏装、高低不平等不规范现象,如图 6-79 所示。

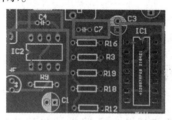

(a)瓷片电容、IC座子封装

(b)安装瓷片电容、IC座子

图 6-79　瓷片电容及 IC 座子安装

4.安装可变电位器及排针

观察电位器的封装,电位器的 3 个焊盘呈三角形分布,需对位安装。安装要点:高度离板面 3~5 mm,贴板安装;观察排针的封装,无须整形,直接插装,如图 6-80 所示。

5.安装发光二极管及红外对管

红外线发射二极管颜色为白色,插装到 PCB 板中标识符 HF 位置,红外线接收二极管

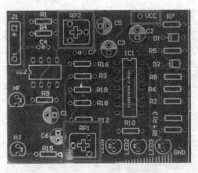

（a）蓝白电位器及排针封装　　　　　　　（b）安装蓝白电位器及排针

图 6-80　电位器及排针安装

颜色为黑色,插装到 PCB 板中标识符 HJ 位置。发光二极管及红外对管安装前注意区分正负极,正负极判别方法之一是长引脚为正极,短引脚为负极;方法之二是靠近圆切面引脚为负极,PCB 板封装图中箭头指向位置为负极,如图 6-81 所示。

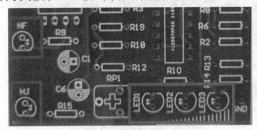

（a）发光二极管及红外对管封装　　　　　　（b）发光二极管及红外对管安装

图 6-81　发光二极管及红外对管的安装

发光二极管安装时不用整形,直接插装,安装高度可贴板安装,也可根据实际需求保留一定高度,但所有发光二极管的高低应保持一致。红外对管可直接贴板安装,也可根据实际需求整形后安装,此套件未说明遮挡物方向可直接安装,调试时将遮挡物放置于 PCB 板上空调试,也可将红外对管整形成 90°安装,但调试时应将遮挡物放置于 PCB 板红外对管侧面调试。安装要点:贴板安装或根据实际需求保留一定高度。

6.安装电解电容

观察电解电容封装,无须整形,但要分清楚引脚极性。安装要点:贴板安装,如图 6-82 所示。

7.插装集成块

为避免集成块安装错误导致难以拆卸,一般配备了集成块座子必须安装于 PCB 板中,观察座子有首脚标志,插装集成块时,将首脚标志与座子标志方向保持一致,如图 6-83 所示。

安装完成,如图 6-84 所示。

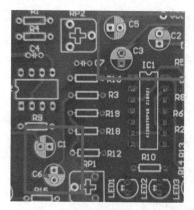

（a）电解电容封装

（b）电解电容安装

图 6-82　电解电容的安装

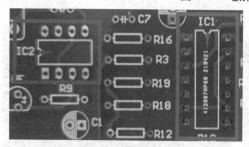

（a）集成座子

（b）插装集成块

图 6-83　集成块插装

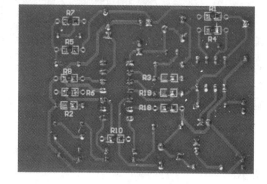

图 6-84　安装成品

五、通电前检查

通电前，务必认真进行以下检查，全部正确无误。

①检查元器件的正确性。

②检查焊点是否合格。

③检查安装工艺是否合适。

六、通电

1.确定电路所需供电电压的大小和类型

观察电路原理图,可知该电路采用 9 V 直流单电源供电。

2.设置电压并校验电压

打开 UTP3705S 型直流稳压电源开关,将工作方式选择
键 MODE 弹起,使其以独立方式工作,调节 CH1 通道的电
压调节旋钮使其输出 9 V 的直流电压。用数字万用表直流
电压挡测量直流稳压电源输出电压,验证输出电压是否正
确,如图 6-85 所示。

3.给电路板供电

先找到电路板上的供电端子,用导线连接直流稳压电
源输出端子和电路板供电端子,注意要先接负极,再接正
极。再用万用表测量电路板上的供电端子,判别供电是否
正常,如图 6-86 所示。

图 6-85　设置电压并校验电压

(a)连接电源　　　　　　　　　　(b)检测供电

图 6-86　给电路板供电

七、功能调试

使用调试工具调整电路相关元器件将电路板的功能状态调至最佳状态。最佳效果是
当传感器上方遮挡物距离不同时,显示的 LED 数量不同;当遮挡物距离红外灯管越近时,
发光二极管点亮的个数越多;当无遮挡物时则所有发光二极管熄灭,实现模拟红外倒车雷
达电路功能。在调试中,在传感器上方用白纸遮挡,白纸对红外波的反射效果最好,调节
R_{P1} 实现反射距离的不同时点亮灯的个数不同,调节 R_{P2} 改变灵敏度,从而将功能调试至最
佳状态。

八、参数测量

1.电压测量

LED 在不同状态下,用万用表测量 IC_1 部分引脚电位。(12 分)

LED 状态	IC_1(13)脚	IC_1(5)脚	IC_1(10)脚	IC_1(7)脚	IC_1(8)脚	IC_1(14)脚
LED 全灭						
LED_3 亮						
LED_2、LED_3 亮						
LED 全亮						

操作步骤如下。

第一步:插好表笔,打开台式万用表电源开关。

第二步:将万用表挡位开关拨到直流电压 20 V 挡(电路中采用 9 V 直流电源供电)。

第三步:找到电源负极(GND)和 IC_1 各引脚被测点。

第四步:连接被测点。先用黑表笔与地相接,再用红表笔与 IC_1 各引脚被测点相接,如图 6-87 所示。

图 6-87　测试电压

第五步:读取数据,在台式万用表上读出被测电压显示值,如图 6-88 所示,测量结果见表 6-7。

表 6-7　IC_1 部分引脚电位测量结果

LED 状态	IC_1(13)脚	IC_1(5)脚	IC_1(10)脚	IC_1(7)脚	IC_1(8)脚	IC_1(14)脚
LED 全灭	0.2 V	0.9 V	0.6 V	7.7 V	7.7 V	7.7 V
LED_3 亮	0.3 V	0.9 V	0.6 V	7.7 V	7.7 V	5.8 V
LED_2、LED_3 亮	0.4 V	0.9 V	0.6 V	7.7 V	6.2 V	4.6 V
LED 全亮	1 V	0.9 V	0.6 V	5.6 V	3.7 V	3.5 V

图 6-88　读取数据

第六步:理论分析验证测试结果是否正确。

电压比较电路和二极管显示电路部分原理图如图 6-89 所示,R_{P1}、R_{10}、R_6、R_8 构成分压式电路,在 IC_1(5)引脚、(10)引脚、(12)引脚得到固定电压值,调节 R_{P1} 的阻值改变 IC_1(5)引脚、(10)引脚、(12)引脚的电位值。R_{10}、R_6、R_8 阻值相等均为 1 kΩ,IC_1(10)引脚电位等于 $\frac{2}{3}$ IC_1(5)引脚电位值,表6-7 中 IC_1(5)脚和 IC_1(10)脚电位值受到 R_{P1} 阻值调节的大小影响,故表中 IC_1(5)脚和 IC_1(10)脚电位测量结果不是唯一值。

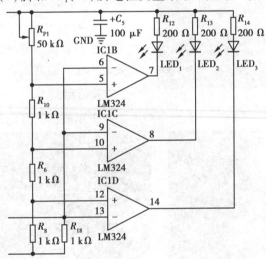

图 6-89　电压比较电路和二极管显示电路原理图

LM324 是四运放集成电路,采用 14 脚双列直插封装。图中 IC1B、IC1C、IC1D 构成 3 个电压比较电路,通过同相输入端的电位与反相输入端的电位比较,使输出端得到高低不同的电位,从而决定发光二极管 LED_1、LED_2、LED_3 构成的显示电路是否点亮,根据此原理验证测量结果为正确。

2.波形测量(28 分)

用示波器测量 IC_2 的 3 脚输出波形,将波形示意图及参数填入表中。要求:示波器水平坐标为 500 μs/格,纵向坐标为 2 V/格。

IC$_2$ 的 3 脚(14 分)	波形参数值(14 分)	
	V_{pp}(峰峰值)	P_{rd}(周期)

图 6-90 校准示波器

操作步骤如下。

1.校准示波器

使用示波器自身校准信号对其进行校准,确保仪器和探头正常,如图 6-90 所示。

2.连接探头

将示波器探头与电路板被测点进行连接,先接地再连接被测试点,如图 6-91 所示。

3.波形测量

按下示波器的自动测试键 AUTO,当显示

(a)接地

(b)接探头

图 6-91 连接测试点 IC$_2$ 的 3 脚

屏显示出波形后,调节"电压/格"至 2 V/格,调节"时间/格"至 500 μs/格,再按下自动测试功能键 MEASURE 调出参数,如图 6-92 所示。

4.数据读取

在示波器显示屏上读出相关数据,记录在答题区中,如图 6-93 所示。

图 6-92　测量 IC$_2$ 的 3 脚波形

（a）IC$_2$的3脚波形

（b）IC$_2$的3脚参数

图 6-93　IC$_2$ 的 3 脚波形参数

IC$_2$ 的 3 脚（14 分）	波形参数值（14 分）	
	V_{pp}（峰峰值）	P_{rd}（周期）
	8.3 V	2.0 ms

5.分析原理图,验证波形及参数

观察原理图（如图 6-94 所示）,R_1、R_4、C_1、C_4 和 IC$_2$ 构成多谐振荡电路,IC$_2$ 的 3 引脚输出为矩形波,其输出振荡频率由 R_1、R_4、C_1 决定,验证结果为正确。

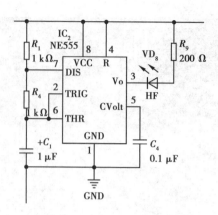

图 6-94　多谐振荡电路原理图

九、工位整理

完成所有任务后,关闭仪器电源,整理工位,清扫场地。

知识扩展

1.完整电路原理分析

红外线倒车雷达电路由多谐振荡电路、红外线发射与接收电路、信号放大电路、电压比较电路和二极管显示电路组成,其完整电路原理图如图 6-95 所示。电路的核心元件由 NE555 时基电路和 LM324 运放集成电路组成,红外发射和红外接收对管作为传感器件。NE555 构成多谐振振荡电路通过红外发射管发射红外波信号,LM324 用于放大红外接收信号和构成电压比较器电路,发光二极管用于指示倒车距离范围。

NE555 及外围元件组成多谐振荡器电路,IC_2 的 3 引脚产生振荡信号经红外发射管发射出红外线信号。红外线被物体遮挡反射回来后,由红外线接收管接收经 C_6 耦合至 IC1A 放大整形,放大后的信号经 C_3 耦合后送至 IC1B、IC1C、IC1D 构成的 3 个比较器的反相输入端,分别与 3 个比较器的同相输入端的电压进行比较,当反相输入端的电压高于同相输入端的电压时,对应比较器输出低电平,发光二极管被点亮。

调节 R_{P2} 改变 IC1A 的增益,从而调节灵敏度,调节 R_{P1} 改变 IC1B、IC1C、IC1D 3 个比较器同相输入端的电位,从而调节反射距离,实现传感器上方遮挡物不同距离而发光二极管点亮的个数不同。

2.故障排查

在实际操作中时常会出现功能异常,如通电后有遮挡物时所有 LED 均熄灭、IC_2 的 3 引脚输出波形异常、LED_3 总是被点亮等现象,此时就需要借助仪器仪表对关键点进行测量,结合原理分析测量数据是否正确,从而缩小故障范围。下面以两个实例来演示故障排查方法,排查流程如图 6-96 所示。

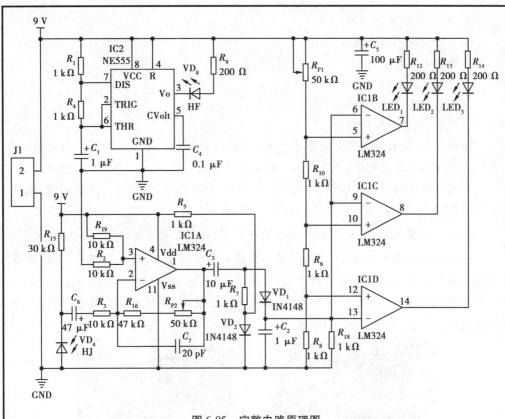

图 6-95　完整电路原理图

图 6-96　排查流程

故障现象一：通电后所有 LED 均熄灭

第一步：观察故障现象，通电后，在红外线对管上方用白纸遮挡物时，调节 R_{P1}、R_{P2} 所有 LED 均熄灭，如图 6-97 所示。

图 6-97　故障现象

第二步:分析故障原因。

①可能调试不当造成;

②可能电压异常造成;

③可能元件装配错误造成;

④可能元器件损害造成。

第三步:测量关键点数据。

分析原理图,该电路可大致分成 3 个区域:一是多谐振荡及红外线发射电路,二是红外线接收及放大电路,三是电压比较及显示电路。

①用万用表测量 IC_1(LM324)的 4 引脚和 11 引脚电压是否正常,结果正常;测量 IC_2(NE555)的 8 引脚和 1 引脚电压是否正常,测量结果正常。

②用示波器测量 IC_2 的 3 引脚波形是否正常,测量结果正常。

③用白纸遮挡于红外对管上方,用示波器测量 VD_1 阳极是否有信号输出,测量结果无信号输出,如图 6-98(a)所示。

④白纸继续遮挡在红外对管上方,用示波器测量 C_6 正极是否有信号输出,测量结果无信号输出,如图 6-98(b)所示。

(a)VD_1 阳极波形　　　　　　　(b)C_6 正极波形

图 6-98　用示波器测量关键点波形异常

第四步:判别故障大致范围。

①用示波器测量 IC_2 的 3 引脚波形正常,说明多谐振荡电路工作正常,故障范围可能在红外对管及放大电路、电压比较及显示电路。

②用白纸遮挡于红外对管上方,用示波器测量 VD_1 阳极无信号输出,说明故障范围在红外对管(红外发生和接收电路)及放大电路。

③白纸继续遮挡在红外对管上方,用示波器测量 C_6 正极无信号输出,说明故障范围在红外发生和接收电路。

第五步:查找故障点。仔细检查红外发生电路 HF、R_9 及红外接收电路 HJ、R_{15} 和耦合电容 C_6,发现红外线发射二极管 HF 极性装反,如图 6-99 所示。

第六步:修复故障。重装红外线发射二极管,故障排除。用示波器测量 VD_1 阳极和 C_6 正极波形恢复正常,如图 6-100 所示。

图 6-99　故障点(HF 极性装反)

(a)VD₁阴极波形

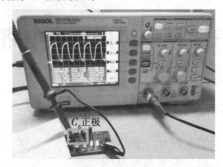

(b)C₆正极波形

图 6-100　用示波器测量关键点波形恢复正常

故障现象二:上方无遮挡物时,LED₃ 总是被点亮

第一步:观察故障现象,无遮挡物时,将 R_{P1} 调至最大时,LED₂、LED₃ 一直点亮;将 R_{P1} 调至最小时,LED₃ 一直点亮,如图 6-101 所示。

(a)R_{P1}调至最大

(b)R_{P1}调至最小

图 6-101　故障现象

第二步:分析故障原因。通过调节 R_{P1} 的阻值大小,观察发现 LED₁、LED₂ 均能正常指示遮挡物距离状态,可知多谐振荡及红外发生电路、红外接收及放大电路功能正常,可初步判别故障大致范围在电压比较及显示电路。

第三步:测量关键点数据,判别故障大致范围。通过故障现象及原理图分析可知,因 LED₃ 与 IC1D 电压比较器相连,应重点排查此区域。

①无遮挡时,用万用表测量 IC1D 的 14 引脚电位 5 V 左右,说明测量结果异常。

②有遮挡物时,用万用表测量 IC1D 的 13 引脚电位,结果正常。

③用万用表测量 IC1D 的 12 引脚电位,结果为 0 V。这是无遮挡物时 IC1D 的 14 引脚电位异常的主要原因。

④用万用表测量 R_8 发现阻值为 0。

第四步:查找故障点。仔细检查电阻 R_8,发现贴片电阻 R_8 焊接工艺不合格,因元件不居中导致两焊盘焊接短路。

第五步:修复故障。重新焊接 R_8,故障排除。

任务四 波形变换电路的组装、调试与检测

【任务目标】

1.正确组装波形变换电路。
2.调试出波形变换电路的功能。
3.能正确使用专用仪器对相关参数进行测试。

【任务分析】

操作流程如图 6-102 所示。

图 6-102 操作流程

一、操作准备

先检查工作台的仪器和工具是否齐全,再校准仪器。用数字万用表测量直流稳压电源输出的电压和用示波器测量信号发生器产生的信号来对仪器进行校准。

二、阅读任务书

阅读任务书,根据核心元器件和电路图初步判断此电路将实现什么功能、需要多少电压供电、需要测量哪些参数,需要用到哪些仪器。波形变换电路的任务书如下。

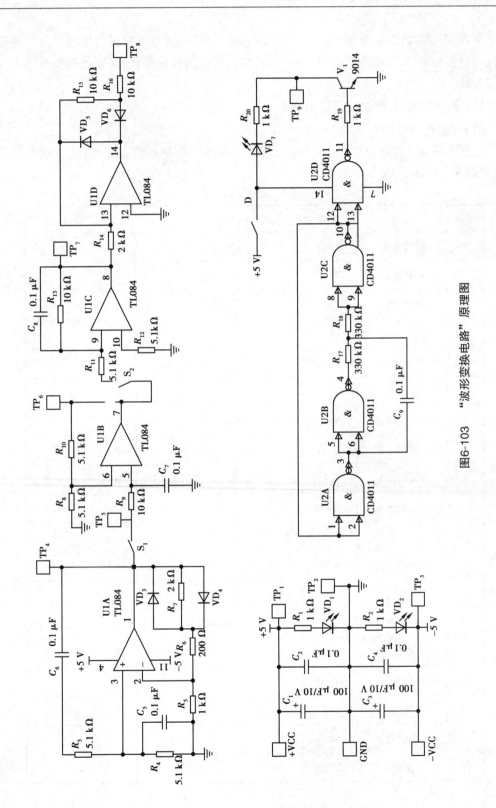

图6-103 "波形变换电路"原理图

图 6-103 为"波形变换电路"电子产品的电路原理图,请根据提供的器材及元器件清单进行组装与测试,实现该产品的基本功能,满足相应的技术指标,并完成技能要求中相关的内容。

1.元器件的识别、测试、选用(50分)

(1)元器件清单(30分)

根据下列元器件清单表(见表 6-8),清点元器件的数量并检查好坏,正常的在表格"清点结果"栏填上"√"。

表 6-8　元器件清单表

序号	名称	参数	标号	数量	清点结果
1	贴片电阻	1 kΩ	R_{19},R_{20}	2	
2	贴片电阻	330 kΩ	R_{17},R_{18}	2	
3	贴片二极管	LED	VD_7	1	
4	贴片三极管	9014(J6)	V_1	1	
5	贴片电容	0.1 μF	C_2,C_4,C_5,C_6,C_7,C_8,C_9	7	
6	贴片 IC	CD4011	U_2	1	
7	贴片二极管	1N4148	VD_5,VD_6	2	
8	金属膜电阻	1 kΩ	R_1,R_2,R_5	3	
9	金属膜电阻	5.1 kΩ	R_3,R_4,R_8,R_{10},R_{11},R_{12}	6	
10	金属膜电阻	200 Ω	R_6	1	
11	金属膜电阻	2 kΩ	R_7,R_{14}	2	
12	金属膜电阻	10 kΩ	R_9,R_{13},R_{15},R_{16}	4	
13	发光二极管	LED	VD_1,VD_2	2	
14	二极管	1N4148	VD_3,VD_4	2	
15	电解电容	100 μF	C_1,C_3	2	
16	集成电路	TL084	U_1	1	
17	IC 座	14P	U_1	1	
18	短路帽	2.54 mm	S_1,S_2	2	
19	排针	单排针	+VCC,−VCC,GND,TP_1~TP_9	14	

续表

序号	名称	参数	标号	数量	清点结果
20	排针	单排针	S_1,S_2	4	
21	印制电路板	配套	—	1	
		合计		61	

（2）部分元器件检测、识别与测量（20分）

对部分元器件进行检测、识别与测量，并将结果填入表6-9中。

表6-9　元器件识别与检测

序号	名　称	识别及检测内容	得分
1	电阻器 R_3	标称值：　　　测量值：	
2	电容器 C_1	耐压值：	
3	发光二极管 VD_2	导通电压：	
4	贴片 LED	标出极性：	

2.简易电子产品电路的安装（65分）

根据电路原理图，按照工艺要求完成简易电子产品电路的安装。

焊接工艺要求：

PCB上各元器件焊点大小适中，无漏焊、虚焊、假焊、连焊、堆焊，焊点光滑、圆润、干净、无毛刺、无针孔。

装配工艺要求：

PCB上元器件不漏装、错装，不损坏元器件，元器件极性安装正确，接插件安装可靠牢固，集成块需安装底座，整机清洁无污物、无烫伤、划伤，元器件标识符方向符合工艺要求，元器件引脚修剪符合工艺要求。

3.简易电子产品电路的通电测试（110分）

装配完毕，检查无误后，将稳压电源的输出电压调整为±5.0 V（±0.1 V）。通电前向监考老师举手示意，经监考老师检查同意后，方可进行通电测试。（5分）

（1）通电测试一（70分）

本电路采用了正负双电源供电，断开 S_1、S_2（即拔掉短路帽）后，对整个电路进行如下测试。

①本电路由四组运算放大器构成。先仅闭合 S_2（即插上短路帽），用函数信号发生器

从 TP_5 点送入一个频率为 100 Hz、幅值为 200 mV 的三角波信号(本小题测试完毕后拆除该信号),观察 TP_7、TP_8 点的波形,由此判断由 U1C、U1D 构成的电路功能是_____,将 TP_7 点的相关波形和参数填入下表中。(40 分)

波形(TP_7)(20 分)	X 轴量程挡位(5 分)	周期(5 分)
	Y 轴量程挡位(5 分)	峰峰值(5 分)

②断开 S_1、S_2,用示波器测试 TP_4 的相关波形和参数填入下表中。(30 分)

波形(TP_4)(14 分)	X 轴量程挡位(4 分)	频率(4 分)
	Y 轴量程挡位(4 分)	峰峰值(4 分)

(2)通电测试二(40 分)

先用焊锡将断点 D 连接后再做如下测试。

①PCB 板右侧贴片区已设置一故障,先结合原理图排除故障。(15 分)

故障现象描述:_____ 故障点:_____

②故障排除后,观察电路板中的贴片发光二极管处于_____状态。(长亮、长暗、闪烁)(10 分)

③测试电路板中 TP_9 的信号波形为_____,频率为_____,波形的有效值为_____。(15 分)

4.安全文明操作(25 分)

①严禁带电操作(不包括通电测试),保证人身安全。

②工具摆放有序,不乱扔元器件、引脚、测试线。

③使用仪器时,应选用合适的量程,防止损坏仪器和元器件。

④放置电烙铁等工具时要规范,避免损坏仪器设备和操作台。

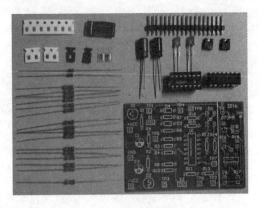

图6-104　清点元器件

三、清点和检测元器件

1.清点元器件

根据元件清单表对元器件进行分类逐一清点,如图6-104所示,清点无误后在清点结果表格里打钩,见表6-10,如有缺失的元器件应及时向老师汇报。

表6-10　清点结果记录

序号	名称	参数	标号	数量	清点结果
1	贴片电阻	1 kΩ	R_{19},R_{20}	2	√
2	贴片电阻	330 kΩ	R_{17},R_{18}	2	√
3	贴片二极管	LED	VD_7	1	√
4	贴片三极管	9014(J6)	V_1	1	√
5	贴片电容	0.1 μF	C_2,C_4,C_5,C_6,C_7,C_8,C_9	7	√
6	贴片IC	CD4011	U_2	1	√
7	贴片二极管	1N4148	VD_5,VD_6	2	√
8	金属膜电阻	1 kΩ	R_1,R_2,R_5	3	√
9	金属膜电阻	5.1 kΩ	R_3,R_4,R_8,R_{10},R_{11},R_{12}	6	√
10	金属膜电阻	200 Ω	R_6	1	√
11	金属膜电阻	2 kΩ	R_7,R_{14}	2	√
12	金属膜电阻	10 kΩ	R_9,R_{13},R_{15},R_{16}	4	√
13	发光二极管	LED	VD_1,VD_2	2	√
14	二极管	1N4148	VD_3,VD_4	2	√
15	电解电容	100 μF	C_1,C_3	2	√
16	集成电路	TL084	U_1	1	√

续表

序号	名称	参数	标号	数量	清点结果
17	IC 座	14P	U_1	1	√
18	短路帽	2.54 mm	S_1,S_2	2	√
19	排针	单排针	+VCC,−VCC,GND,TP_1~TP_9	14	√
20	排针	单排针	S_1,S_2	4	√
21	印制电路板	配套	—	1	√
合计				61	√

2.检测元器件

清点无误后检测元器件好坏,并将部分元器件检测情况填入表 6-11 中。

第一步:电阻器 R_3 的标称值为 5.1 kΩ±1%(5.1 kΩ±51 Ω),如图 6-105(a)所示;用万用表 $R×20$ K 挡测量 R_3 的测量值为 5.113 kΩ 如图 6-105(b)所示。测量值误差在标称值误差范围之内,说明该电阻可以使用。

(a)R_3的标称值　　　　(b)R_3的测量值

图 6-105　电阻器 R_3

第二步:电容器 C_1 的耐压值为 16 V,容量为 100 μF,如图 6-106 所示。

第三步:用台式万用表二极管挡测量发光二极管 VD_2 的导通压降,测量时注意表笔极性(红表笔接发光二极管正极,黑表笔接发光二极管负极),如图 6-107 所示。

图 6-106　电容器 C_1 耐压值　　　图 6-107　发光二极管导通压降的测量

第四步:贴片 LED 可通过标识符识别正负极,通常贴片发光二极管底部有"T"字形或三角形,"T"字形靠近一横的引脚是正极,另一边则是负极,如图6-108(a)所示;三角形符号标识的靠近"边"的引脚是正极,靠近"角"的引脚是负极,如图6-108(b)所示。也可通过贴片发光二极管正面标识判别正负极,靠近绿色点的引脚是负极,另一端引脚为正极,如图6-108(c)所示。

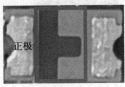

(a)"T"字形　　　　　　(b)三角形　　　　(c)贴片发光二极管正面

图6-108　贴片发光二极管

第五步:判别剩余元器件好坏,见表6-11。

表6-11　判别剩余元器件好坏

序号	名　称	识别及检测内容	得分
1	电阻器 R_3	标称值:5.1 kΩ±1%　测量值:5.113 kΩ	
2	电容器 C_1	耐压值:16 V	
3	发光二极管 VD_2	导通电压:1.73 V	
4	贴片 LED	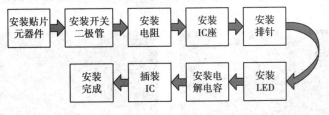 标出极性:负极、正极	

四、元器件整形和焊接

根据原理图按照先小后大、先低后高、先里后外、先轻后重的顺序对元器件进行整形、安装并焊接,安装流程和具体操作步骤如图6-109所示。

安装贴片元器件 → 安装开关二极管 → 安装电阻 → 安装IC座 → 安装排针 → 安装LED → 安装电解电容 → 插装IC → 安装完成

图6-109　操作流程

1.安装贴片元器件

本套件贴片元器件较多,有贴片电容、贴片电阻、贴片二极管、贴片发光二极管、贴片三极管、贴片集成块等,它们均为电路中功能元器件,其焊接质量好坏直接影响电路功能。

①装配贴片无极电容和贴片电阻时不区分正负极性,如图6-110所示。

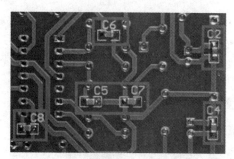

（a）PCB板底面贴片电容焊接　　　（b）PCB板正面贴片电阻焊接

图6-110　焊接贴片电容、电阻

　　②焊接贴片二极管、贴片三极管、贴片集成块时，先用烙铁在焊盘的一端上好焊锡，再用镊子夹住贴片元器件居中放到焊接区焊好预前上锡的一端，接着焊好剩余引脚，安装时注意区分极性，如图6-111所示。

（a）贴片二极管、集成块封装　　　（b）贴片二极管、集成块焊接

图6-111　焊接贴片二极管、三极管、集成块元器件

2.安装开关二极管及电阻

　　二极管、电阻的封装如图6-112（a）所示，安装时注意区分二极管的极性（靠近色环端为负极）必须与PCB板中封装一致，安装色环电阻时注意首尾环方向要一致，如图6-112（b）所示。

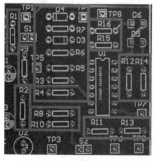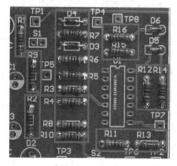

（a）观察电阻封装　　　　　　（b）电阻的安装

图6-112　电阻的安装

安装要点:安装开关二极管贴板时,电阻器离板面高板为 1 mm,焊点光滑、饱满,如图6-112 所示。

3.安装 IC 底座及排针

安装 IC 底座时,必须保证 IC 缺口方向与首脚标志方向一致,并贴板安装,不得出现IC 底座漏装、IC 底座高低不平等、不规范现象。安装排针时无须整形,贴板安装,如图6-113所示。

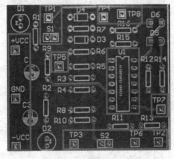 

（a）IC底座及排针封装　　　　　　（b）安装IC底座及排针

图 6-113　IC 底座及排针安装

4.安装发光二极管

安装发光二极管时要注意引脚极性,长引脚为正极,短引脚为负极,PCB 板中发光二极管标识符靠近圆形缺口端引脚为负极。插装时,保持元器件极性与 PCB 板中标识符极性一致。发光二极管插装前不用整形,直接安装,安装高度可元器件贴板安装或元器件引脚限位位置贴板安装,如图6-114 所示。

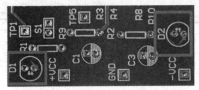 

（a）发光二极管封装　　　　　　（b）安装发光二极管

图 6-114　发光二极管安装

5.安装电解电容及插装集成块

观察电解电容封装,无须整形,但要分清楚引脚极性。插装集成块时,确保首脚标志与底座标志一致,如图6-115 所示。

安装完成,如图6-116 所示。

五、通电前检查

通电前,务必认真进行以下检查,全部正确无误。

①检查元器件的正确性。

②检查焊点是否合格。

(a)电解电容封装及插装集成块

(b)电解电容安装及插装集成块

图 6-115　安装电解电容及插装集成块

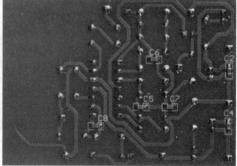

图 6-116　安装成品

③检查安装工艺是否合适。

六、通电

1.确定电路所需供电电压的大小和类型

电路原理图如图 6-117 所示,该电路采用正负 5 V 的双电源供电。

2.设置电压并校验电压

打开 UTP3705S 型直流稳压电源开关,先将接线端子的短接片接好,然后将工作方式选择键 MODE 按下,使其以串联方式工作,最后调节 CH1 通道的电压调节旋钮使其输出正负 5 V 的双电源,用数字万用表直流电压挡测量直流稳压电源输出电压,验证输出电压是否正确,如图 6-118 所示。

3.给电路板供电

找到电路板上的供电端子,正负双电源共有 3 个供电端(+VCC、GND、-VCC)用导线连接直流稳压电源输出端子和电路板供电端子,注意先接负极,再接正极,用万用表测量电路板上的供电端子,判别供电是否正常,如图 6-119 所示。

七、功能调试

根据任务书要求结合原理图分析,将电路板的功能调试至最佳状态,通电后用肉眼仅

能观察到 VD_1、VD_2 发光二极管亮,表示正负双电源正常,其余部分需借助仪器仪表进行功能调试。其中,以 TL084 为核心构成的波形转换电路需要借助仪器来测量,阅读任务书发现以 CD4011 为核心构成的振荡电路部分 PCB 板中设置了一故障,须结合原理图借助仪器仪表排除故障后方能正常运行。

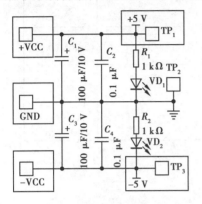

图 6-117 电路原理图

(a)设置并验证正电压　　　(b)设置并验证负电压

图 6-118 设置并校验电压

(a)验证板中正电压　　　　　(b)验证板中负电压

图 6-119 验证板中电压

八、参数测量

1.通电测试一(70 分)

①本电路由四组运算放大器构成。先仅闭合 S_2(即插上短路帽),用函数信号发生器从 TP_5 点送入一个频率为 100 Hz、幅值为 200 mV_{pp} 的三角波信号(本小题测试完毕后拆除该信号),观察 TP_7、TP_8 点的波形,由此判断由 U1C、U1D 构成的电路功能是_____,将 TP_7 点的相关波形和参数填入下表中。(40 分)

波形(TP₇)(20分)		X 轴量程挡位(5分)	周期(5分)
		Y 轴量程挡位(5分)	峰峰值(5分)

操作步骤如下。

第一步:断开 S₁(拔掉短路帽)、闭合 S₂(插上短路帽)。

第二步:设置函数信号发生器输出频率为 100 Hz、峰峰值为 200 mV 的三角波信号。先选择 CH1 通道,再选择"Ramp(斜波)"按键后设置"对称性"为 50.0%,如图 6-120(a)所示;设置"频率"为 100 Hz,如图 6-120(b)所示;设置"幅值"为 200.0 mV$_{pp}$,如图 6-120(c)所示;设置完成后按下 CH1 旁"Output(输出)"按钮,通道旁"Output(输出)"必须与探头连接通道及信号发生器通道选择一致,否则无法输出信号,如图 6-120(d)所示。

(a)对称性设置

(b)频率设置

(c)幅值设置

(d)Output(输出)设置

图 6-120 函数信号发生器设置

第三步:用示波器验证函数信号发生器产生的三角波信号是否正确,示波器结果显示正常,如图 6-121 所示。

第四步:将信号发生器产生的波形连接到电路板 TP₅,用示波器测量 TP₇ 的波形,如图 6-122 所示和表 6-12。

（a）连接方法

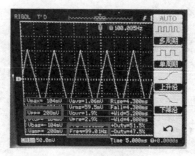
（b）验证结果

图 6-121　示波器验证结果

（a）测量 TP$_7$ 的波形

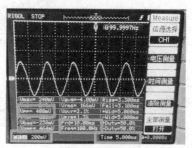
（b）TP$_7$ 的波形结果

图 6-122　用示波器测量 TP$_7$ 的波形

表 6-12　TP$_7$ 点的波形和参数

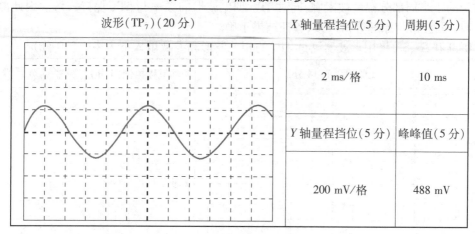

波形（TP$_7$）（20 分）	X 轴量程挡位（5 分）	周期（5 分）
	2 ms/格	10 ms
	Y 轴量程挡位（5 分）	峰峰值（5 分）
	200 mV/格	488 mV

第五步：用示波器测量 TP$_8$ 的波形，如图 6-123 所示。

第六步：观察 TP$_7$、TP$_8$ 点的波形，可知由 U1C、U1D 构成的电路功能是波形变换。

第七步：分析原理，验证数据。

该部分如图 6-124 所示为波形变换电路，以 U1B 为核心构成同相比例运算放大电路，以 U1C 为核心构成反相输入一阶低通滤波电路，以 U1D 为核心构成限幅电路，使 TP$_8$ 输

（a）测量 TP_8 的波形

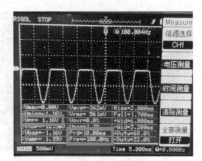

（b） TP_8 的波形结果

图 6-123　用示波器测量 TP_8 的波形

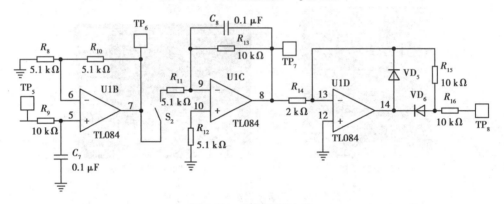

图 6-124　波形变换电路

出波形的正半周部分幅度被限制,同时 TP_7、TP_8 波形的频率与 TP_5 保持一致。因此测得 TP_7、TP_8 的波形与原理分析一致,验证结果正确。

　　②断开 S_1、S_2,将用示波器测试 TP_4 的相关波形和参数填入下表中。（30 分）

波形（TP_4）（14 分）		X 轴量程挡位（4 分）	频率（4 分）
		Y 轴量程挡位（4 分）	峰峰值（4 分）

操作步骤如下。

第一步:断开 S_1、S_2（即拔掉短路帽）。

第二步:用示波器测试 TP_4 的波形,探头连接如图 6-125（a）所示,波形测量结果如图

6-125(b)所示,具体波形参数见表6-13。

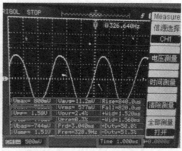

(a)探头连接　　　　　　　　(b)波形测量结果

图6-125　TP₄波形测量

表6-13　TP₄波形参数

波形(TP₄)(14分)	X轴量程挡位(4分)	频率(4分)
	1 ms/格	328.9 Hz
	Y轴量程挡位(4分)	峰峰值(4分)
	500 mV/格	1.58 V

第三步:分析原理,验证数据。

该部分电路如图6-126所示,以U1A为核心构成了RC串并联正弦波振荡电路,其作用是产生正弦波振荡信号。图中R_3、R_4、C_5、C_6为时钟元件,决定了振荡电路的振荡频率,振荡频率为$\dfrac{1}{2\pi RC}$,VD_3、VD_4起稳定幅度的作用。测得TP₄的波形与原理一致,验证结果正确。

2.通电测试二(40分)

先用焊锡将断点D连接后再做如下测试。

①PCB板右侧贴片区已设置一故障,结合原理图排除故障后进行以下测试。(15分)

故障现象描述:_____故障点:_____

操作步骤如下。

第一步:将稳压电源的输出电压调整为±5.0 V(±0.1 V),接到电路板后将D断点用焊锡连接,如图6-127所示。

第二步:观察故障现象,VD₇处于长暗状态。由电路原理图可知,CD4011构成振荡电

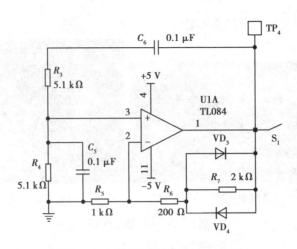

图 6-126　RC 串并联正弦波振荡电路

路,正常状态下 VD_7 应该处于闪烁状态或长亮状态,故障现象描述为通电后 VD_7 处于长暗状态,如图 6-128 所示。

（a）D断点断开状态

（b）D断点连通状态

图 6-127　D 断点连接

图 6-128　观察故障现象

　　第三步:查找故障点,根据原理图仔细核对 PCB 电路板中元件布局及走线,发现故障点为 VD_7 阴极与 R_{20} 之间无印制导线连接。

　　第四步:排除故障,用剪掉的多余元器件引脚将 VD_7 阴极与 R_{20} 焊接上,如图 6-129所示。

（a）故障排除前

（b）故障排除后

图 6-129　排除故障

②故障排除后,观察电路板中的贴片发光二极管处于_____状态。(长亮、长暗、闪烁)(10分)

观察电路板中的贴片发光二极管处于闪烁状态,如图6-130所示。

图6-130　贴片发光二极管状态

③测试电路板中 TP_9 的信号波形为_____,频率为_____,波形的有效值为_____。(15分)

操作步骤如下。

第一步:用示波器测量 TP_9 的波形并读取参数,先用示波器探头与电路板可靠连接,再按图6-131(a)所示顺序翻阅参数, TP_9 的波形及具体参数如图6-131(b)所示。

(a)波形测量及参数翻阅

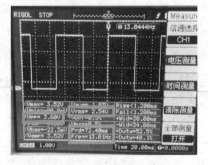

(b)测量结果

图6-131　TP_9 的波形测量

第二步:完成试卷中相关试题。

测试电路板中 TP_9 的信号波形为矩形波,频率13.8 Hz,波形有效值为2.5 V。(15分)

第三步:分析原理,验证数据。

单元电路如图6-132所示,以CD4011为核心构成RC环形非门振荡电路,振荡频率由 C_9、R_{17} 决定,产生的振荡信号经过 V_1 三极管驱动 VD_7 闪烁。测得 TP_9 的波形与原理一致,验证结果正确。

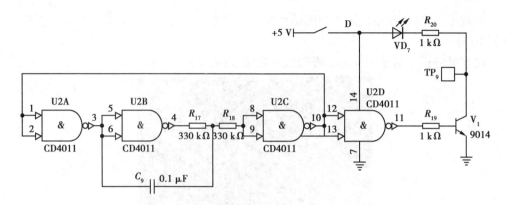

图 6-132　振荡电路

九、工位整理

完成所有任务后,关闭仪器电源,整理工位,清扫场地。

知识扩展

1.完整电路原理分析

该电路图(图 6-133)大致分为 3 个区域,左下角部分为电源部分,C_1、C_3 为滤波电容,C_2、C_3 瓷片电容滤除高频干扰信号,VD_1 的作用是正电压指示,VD_2 的作用是负电压指示,R_1、R_2 的作用是分别保护 VD_1、VD_2。

TL048 集成块为 4 运算放大器,4 引脚和 11 引脚为电源供电端,插装时严禁将该集成块插反,若反正 4 脚和 11 脚对换供电会烧毁集成块。该部分电路构成波形变换电路,U1B 及外围元件构成同相比例运算放大电路,产生正弦波振荡信号,其振荡频率由时钟元件 R_3、R_4、C_5、C_6 决定,R_7 两端并联的 VD_3、VD_4 起稳定幅度的作用。TP_4 产生的正弦波振荡信号经 U1B 构成的同相比例运算放大电路放大后送至 U1C 反相输入一阶低通滤波电路,通过低通滤波器取出基波,滤除高次谐波,即可将三角波转变成正弦波,运放 U1D 构成的电路利用了 VD_5 的单向导电特性实现了波形变换。

贴片 CD4011 为 4 与非门集成电路,构成了 RC 环形非门振荡电路。图中将所有与非门的输入端短接构成了非门电路,其 U2A、U2B、U2C 构成了振荡电路,U2D 起反相、隔离作用。该振荡电路产生较低的矩形波信号,当矩形波低电平送至 V_1 基极时,V_1 处于截止状态,VD_7 熄灭;当矩形波高电平送至 V_1 基极时,V_1 处于饱和状态,VD_7 点亮,所有最终观察到 VD_7 处于闪烁状态。

2.故障排查

在电子产品组装与调试中,时常因粗心大意而导致故障发生,如元件与元件焊反、

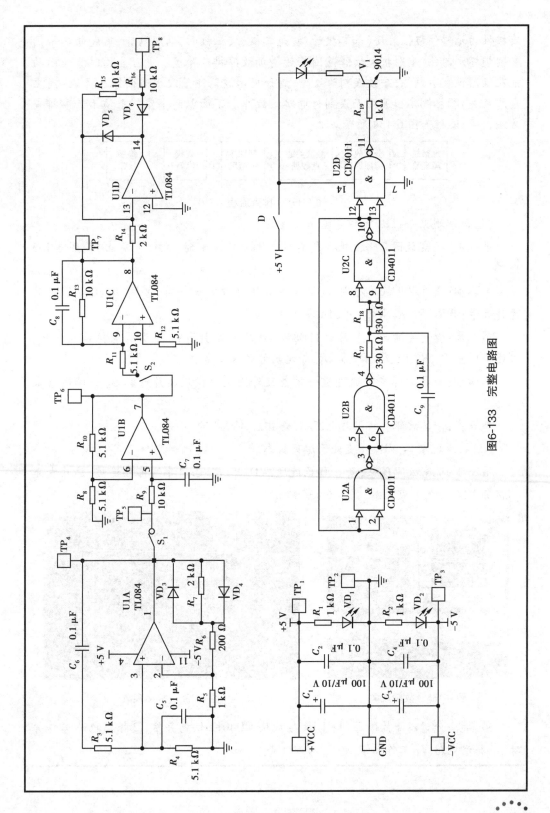

图6-133 完整电路图

有极性的元器件极性装反(如二极管、发光二极管、三极管、电解电容、集成电路等),轻则损坏元器件,重则扩大故障范围导致增加故障排除难度。也可能因对原理图功能及仪器仪表不熟练,导致误判为故障,例如用示波器测量波形时因探头接地端(黑色鳄鱼夹)损坏测不出波形而误判为电路板故障。下面以两个实例来演示故障排查方法,排查流程如图 6-134 所示。

图 6-134　排查流程

(1)故障现象一:TP_4 无信号输出

第一步:观察故障现象,用示波器测试 TP_4 的波形时,无信号输出,如图 6-135 所示。

第二步:分析以下故障原因:①UIA 集成块电源电压异常;②R_3、R_4、C_5、C_6 时钟元件异常;③R_5、R_6、R_7 异常;④UIA 集成块异常。

第三步:检测关键点。①测量 TL084 集成块的 4 引脚和 11 引脚电位是否正常。②逐一检查 R_3、R_4、C_5、C_6、R_5、R_6、R_7 等元器件是否正常。

第四步:查找故障点。通过逐一排查及外围元件发现贴片电容 C_6 一端焊盘未焊接。

第五步:修复故障。将贴片电容 C_6 焊接后故障排除。

(2)故障现象二:VD_7 一直处于熄灭状态

第一步:观察故障现象,断点 D 已连通,VD_7 和 R_{20} 已用导线可靠连接,贴片发光二极管 VD_7 处于长灭状态,如图 6-136 所示。

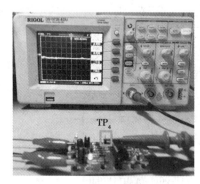

图 6-135　故障现象

图 6-136　故障现象

第二步:分析以下故障原因:①U_2 集成块 CD4011 供电异常;②振荡电路工作异常;③驱动电路 V_1 工作异常。

第三步:测量关键点数据。通过故障现象及原理图分析可知,U_2 集成块 CD4011 构成的振荡电路为独立区域,与 U_1 没有关联,重点从 U_2 集成块 CD4011 及外围元件进行排查。

①用万用表测量 U_2 集成的电源是否正常,结果正常。

②用示波器测量 TP_9 的波形,结果无波形输出,表明故障范围在 TP_9 以前的电路。

③用示波器测量 U_2 的 11 引脚波形,结果有矩形波输出,表明 U_2 的 11 引脚以前的电路正常,故障在 U_2 的 11 引脚以后电路。

第四步:判别故障大致范围。通过以上关键点数据的测量,表明故障大致范围在 U_2 的 11 引脚以后电路。

第五步:查找故障点。仔细检查 U_2 的 11 引脚以后电路,发现贴片发光二极管 VD_7 焊反,导致 V_1 始终处于截止状态,TP_9 无波形输出。

第六步:修复故障。贴片发光二极管 VD_7 交换极性后焊接,故障排除。

任务五　温控报警器的组装、调试与检测

【任务目标】

1.正确组装温控报警器。

2.调试温控报警器的功能。

3.用仪器对相关参数进行测试。

【任务分解】

任务实施流程图如图 6-137 所示。

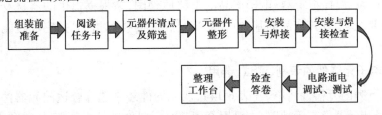

图 6-137　任务实施流程

一、组装前准备

①正确着装：穿好绝缘服、绝缘鞋、绝缘手套、戴好绝缘帽。
②焊接工具准备：焊锡丝、松香、烙铁、烙铁架、海绵、锉刀等。
③常用工具准备：一字起、十字起、斜口钳、电源连线等。
④仪器的校准：稳压电源、万用表、示波器、信号发生器等。

仪器校正错误示例如图 6-138、图 6-139 所示。

（a）校正错误（Hold按下，表笔接反）　　　　（b）校正正确

图 6-138　仪器校正 1

（a）校正错误（通道不一致，output未打开）　　　　（b）校正正确

图 6-139　仪器校正 2

二、阅读任务书

要求：通篇阅读一遍，按照前后顺序依次阅读，内容重要的部分，用签字笔勾画出来。

1.任务说明

图 6-140 为"温控报警器"电子产品的电路原理图，请根据提供的器材及元器件清单进行组装与测试，实现该产品的基本功能，满足相应的技术指标，并完成技能要求中的相关内容。

2.常用电子元器件的识别、测试、选用

①根据下列的元器件清单表（表 6-14），从元器件袋中选择合适的元器件。清点元器件的数量、目测元器件有无缺陷，亦可用万用表对元器件进行测量，正常的在表格的"清点结果"栏填上"√"，目测印制电路板有无缺陷。

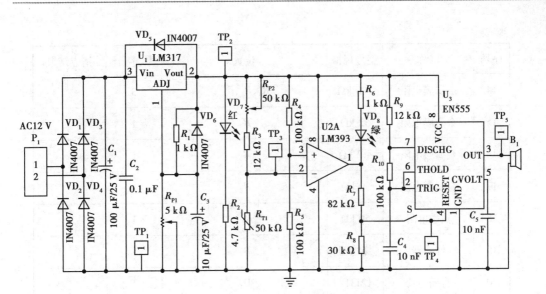

图 6-140 温控报警器电路原理图

表 6-14 元器件清单

序号	名称	型号规格	位置	数量/个	清点结果
1	贴片电阻	1 kΩ	R_1，R_6，SMT 区 R_{60}	3	
2	贴片电容	1 nF	SMT 区 C_{60}	1	
3	贴片三极管	9014（J6）	SMT 区 V_{60}	1	
4	贴片集成块	LM358	SMT 区 U	1	
5	电解电容	100 μF	C_1	1	
6	电解电容	10 μF	C_3	1	
7	瓷片电容	0.1 μF	C_2	1	
8	独石电容	10 nF	C_4，C_5	2	
9	直插二极管	1N4007	VD_1，VD_2，VD_3，VD_4，VD_5，VD_6	6	
10	发光二极管	LED	VD_7（红），VD_5（绿）	2	
11	精密电位器	5 kΩ	R_{p1}	1	
12	蓝白电位器	50 kΩ	R_{p2}	1	
13	金属膜电阻	12 kΩ	R_3，R_9	2	

续表

序号	名称	型号规格	位置	数量/个	清点结果
14	金属膜电阻	100 kΩ	R_4,R_5,R_{10}	3	
15	金属膜电阻	52 kΩ	R_7	1	
16	金属膜电阻	4.7 kΩ	R_2	1	
17	金属膜电阻	30 kΩ	R_8	1	
18	热敏电阻	50 kΩ	R_{T1}	1	
19	蜂鸣器	蜂鸣器	B_1	1	
20	直插芯片	LM317	U_1	1	
21	集成 IC	LM393	U_2	1	
22	集成 IC	NE555	U_3	1	
23	IC 座	DIP8	U_2,U_3	2	
24	排针	单排针	$TP_1 \sim TP_5$,P_1	7	
25	印制电路板	配套	—	1	
合计				44	

②对表 6-15 中的元器件进行识别与检测。

表 6-15　检测元器件

序号	名称	识别及检测内容
1	R_{T1}	常温电阻：＿＿＿＿＿＿＿＿＿＿＿＿＿＿＿＿＿，判断好坏：＿＿＿＿＿＿＿＿＿＿＿＿＿
2	VD_1	测量 VD_1 的好坏：＿＿＿＿＿＿＿＿＿＿＿＿＿＿＿＿＿
3	U_1	引脚功能：＿＿＿＿＿＿＿＿＿＿＿＿＿＿

3.简易电子产品电路的安装

根据电路原理图,按照工艺要求完成简易电子产品电路的安装。

（1）焊接工艺要求

PCB 上各元器件焊点大小适中,无漏焊、虚焊、假焊、连焊、堆焊,焊点光滑、圆润、干净、无毛刺、无针孔。

（2）装配工艺要求

PCB 上元器件不漏装、错装，不损坏元器件，元器件极性安装正确，接插件安装可靠牢固，集成块需安装底座，整机清洁无污物、无烫伤、划伤，元器件标识符方向符合工艺要求，元器件引脚修剪符合工艺要求。

4.简易电子产品电路的通电测试

正确使用常用仪器仪表对电路的功能及参数进行测量，并记录相关数据和波形。

（1）常用仪器仪表使用

①检查无误，经监考老师同意后，电路板接入 AC 5.0 V（±0.1 V）电压（无 AC 5 V 电源，用 DC 9 V 替代）。

②用万用表测试以下电位，填入下表。

测试点	P_1	U_1 3 脚
电压/V		

③检查示波器，填入下表。

型号	
是否正常	

（2）通电电路调试

①调节 R_{P1}，TP_2 输出 DC 5 V。

②断点 S 用焊锡连接，调节 R_{P2}，电烙铁接近 R_{T1} 加热，蜂鸣器 B_1 鸣叫，绿灯 VD_8 灭。

③电烙铁离开，温度降低后，蜂鸣器 B_1 停止鸣叫，绿灯 VD_8 亮。

（3）通电电路测试

①用万用表测试下列参数，填入下表。

状态/测试点	TP_2 端	TP_3 端	TP_4 端
B_1 不鸣叫，VD_8 亮			

②断开断点 S，VD_8 熄灭时，用示波器测试 U_3 第 3 脚（TP_5）的波形，将相关波形和参数填入下表中。

波形		波形峰峰值	波形的频率
		X 轴量程挡位	*Y* 轴量程挡位

（4）问答题

①电路中电位器 R_{P2} 的作用是什么？

②电路中 U_3 与相应元器件构成什么电路？哪些元件决定信号频率？

③TP_2 点可调电压范围是多少？ 电路中 R_{T1} 的作用是什么？

④电路若 VD_1 开路出现什么现象？

⑤电路中 U2A 构成何种电路？

5.职业素养与安全文明操作

举止文明、遵守秩序、爱惜设备、规范操作、摆放整齐、台面清洁等。

三、元器件清点及筛选

1.元器件分类

按照元器件的类别分类,贴片电阻、二极管、三极管、集成块、插座、电容、排针等为一类,如图 6-141 所示。

图 6-141 元器件分类

2.元器件清点

按照表 6-16 的元器件清单,对元器件进行清点,并做好记录,若有缺失的元器件,举手向老师示意,补发所差元件。

表 6-16　元器件清单

序号	名称	型号规格	位置	数量/个	清点结果
1	贴片电阻	1 kΩ	R_1,R_6,SMT 区 R_{60}	3	√
2	贴片电容	1 nF	SMT 区 C_{60}	1	√
3	贴片三极管	9014(J6)	SMT 区 V_{60}	1	√
4	贴片集成块	LM358	SMT 区 U	1	√
5	电解电容	100 μF	C_1	1	√
6	电解电容	10 μF	C_3	1	√
7	瓷片电容	0.1 μF	C_2	1	√
8	独石电容	10 nF	C_4,C_5	2	√
9	直插二极管	1N4007	VD_1,VD_2,VD_3,VD_4,VD_5,VD_6	6	√
10	发光二极管	LED	VD_7(红),VD_8(绿)	2	√
11	精密电位器	5 kΩ	R_{p1}	1	√
12	蓝白电位器	50 kΩ	R_{p2}	1	√
13	金属膜电阻	12 kΩ	R_3,R_9	2	√
14	金属膜电阻	100 kΩ	R_4,R_5,R_{10}	3	√
15	金属膜电阻	52 kΩ	R_7	1	√
16	金属膜电阻	4.7 kΩ	R_2	1	√
17	金属膜电阻	30 kΩ	R_8	1	√
18	热敏电阻	50 kΩ	R_{T1}	1	√
19	蜂鸣器	蜂鸣器	B_1	1	√
20	直插芯片	LM317	U_1	1	√
21	集成 IC	LM393	U_2	1	√
22	集成 IC	NE555	U_3	1	√
23	IC 座	DIP8	U_2,U_3	2	√
24	排针	单排针	TP_1~TP_5,P_1	7	√
25	印制电路板	配套	—	1	√

续表

序号	名称	型号规格	位置	数量/个	清点结果
		合计		44	√

3.元器件测量

检查元器件的好坏,并将部分元器件识别与检测,填入表6-17。

表6-17　部分元器件识别与检测

序号	名　称	检测内容
1	R_{T1}	常温电阻:54.85 kΩ;判断好坏:好,可用
2	VD_1	测量 VD_1 的好坏:好,可用
3	U_1	引脚功能:1 脚,电压调整;2 脚,电压输出;3 脚,电压输入

(1)测量热敏电阻 R_{T1} 的好坏

常温测量热敏电阻(图 6-142):①选择欧姆挡 200 kΩ 挡位;②黑表笔接热敏电阻一端;③红表笔接热敏电阻另一端;④读值,54.85 kΩ。

加热测量热敏电阻(如图 6-143 所示):①选择欧姆挡 200 kΩ 挡位;②黑表笔接热敏电阻一端;③红表笔接热敏电阻另一端;④用烙铁加热热敏电阻引脚;⑤读值,比较两次阻值大小,阻值随温度升高而变小,说明是负温度系数电阻,热敏电阻完好,可用。

图 6-142　常温测量热敏电阻

图 6-143　加热测量热敏电阻

(2)测量二极管 VD_1 的好坏

反向电阻测量(如图 6-144 所示):①挡位选择二极管挡;②黑表笔接二极管正极;③红表笔接二极管负极;④读值,值为无穷大,说明二极管反向截止。

正向电阻测量(如图 6-145 所示):①挡位选择二极管挡;②黑表笔接二极管负极;

③红表笔接二极管正极;④读值,值为 575,说明二极管正向导通。由此可判断二极管完好,可用,且为硅管。

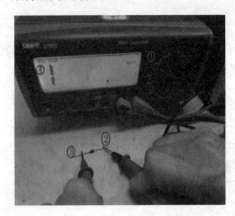

图 6-144　二极管反向电阻测量　　　　　图 6-145　二极管正向电阻测量

(3)检测 U_1 引脚功能

由图 6-146 可知,1 脚:ADJ;电压调整;2 脚:V_{out},电压输出;3 脚:V_{in},电压输入。

四、元器件整形

整形原则:根据元器件焊盘的间距大小分类整形,要求整形的引脚为圆弧 90°。部分元器件整形如图 6-147、图 6-148 所示,其他元器件整形略。

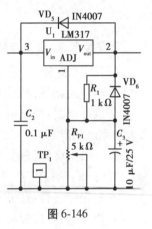

图 6-146

图 6-147　三端稳　　图 6-148　热敏电
压引脚整形　　　　阻引脚整形

五、安装与焊接

1.安装原则

根据原理图或元器件清单表,按照先贴后直、先小后大、先低后高、先里后外、先轻后重的顺序,分类对元器件进行安装与焊接,安装与焊接流程如图6-149所示。

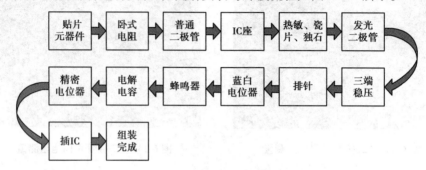

图6-149 安装与焊接流程

2.安装要求、步骤与效果

(1)安装要求

①贴片元器件:贴板安装。

②色环电阻:面向板子的正面,横向安装时首环在左,纵向安装时首环在上,贴板安装(大功率电阻除外)。安装时注意阻值大小。

③普通二极管(塑封):离板面3~5 mm安装,安装时注意极性。

④IC座:贴板安装,安装时注意烙铁温度。

⑤发光二极管:贴板安装,安装时注意二极管极性。

⑥瓷片电容:离板面4~6 mm安装,安装时注意电容容量。

⑦热敏电阻:整形后安装,离板面4~6 mm安装。

⑧三极管:整形后安装,离板面4~6 mm安装。

⑨电解电容:整形后安装,离板面1~2 mm安装。

⑩电位器:精密电位器贴板安装,蓝白电位器离板面5 mm安装。

⑪三端稳压器:整形后安装,贴板安装。

⑫接线端子:贴板安装,安装时注意方向。

⑬蜂鸣器:贴板安装,安装时注意蜂鸣器极性。

(2)安装步骤

①安装贴片元器件、卧式电阻、二极管,如图6-150所示。

②安装IC座、热敏电阻、瓷片电容、独石电容、发光二极管,如图6-151所示。

③安装三端稳压、排针、蓝白电位器,如图6-152所示。

④安装蜂鸣器、电解电容、精密电位器,如图6-153所示。

⑤安装IC,如图6-154所示。

（3）安装效果

①安装完成效果，如图 6-155 所示。

②焊点效果，如图 6-156 所示。

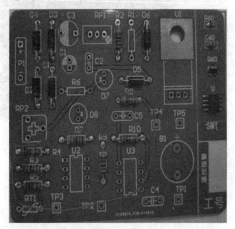

图 6-150　安装贴片元器件等

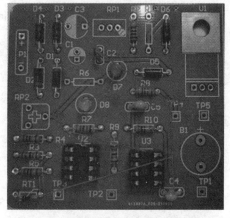

图 6-151　安装 IC 座等

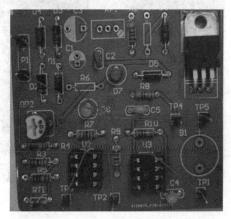

图 6-152　安装三端稳压等

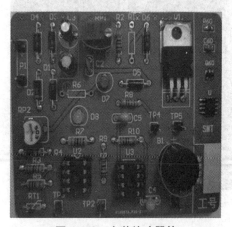

图 6-153　安装蜂鸣器等

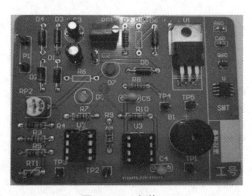

图 6-154　安装 IC

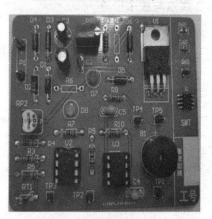

图 6-155　安装效果

六、安装与焊接检查

1.元器件安装检查

①电阻:阻值是否正确,电阻的安装方向、高低是否正确。

②二极管:二极管的极性是否安装正确,二极管的安装方向、高低是否正确。

③电容:电解电容的大小、极性是否安装正确,瓷片、独石电容的容量是否正确。

④集成(IC):集成插座方向、高低是否正确,集成块型号、方向安装是否正确,引脚是否插入插槽。

⑤其他元件器检查。

其中,安装错误示例如图 6-157、图 6-158 所示。

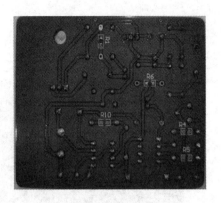

图 6-156 焊点效果

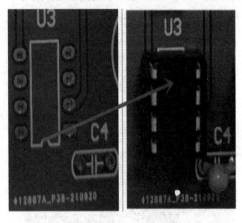

图 6-157 U_3 集成块装反

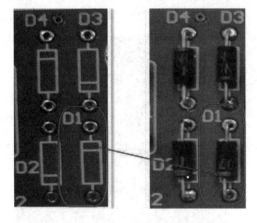

图 6-158 二极管 VD_1 装反

2.焊点与板子检查

①引脚是否过长。

②是否有漏焊、虚焊、拉尖、桥接等情况,焊点是否光滑、圆润。

③焊锡量是否过多或是过少。

④电路板的松香是否过多。

⑤电路板是否有刮伤、刮花等情况。

焊接错误示例如图 6-159 所示。

七、电路通电调试与测试

1.常用仪器仪表使用

(1)检查无误,并经监考老师同意后,电路板接入 AC 5.0 V(±0.1 V)电压(无 AC 5 V

电源,用 DC 9 V 替代)。

操作步骤如图 6-160 所示。

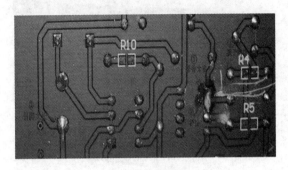

图 6-159　焊接错误示例

图 6-160　电路板通电

①调节 VOLTS 旋钮,将稳压电源电压调至 9 V。②接电源线,红色线接稳压电源正极,黑色线接稳压电源负极。③电路板通电,红色鳄鱼夹接电路板正极,黑色鳄鱼夹接电路板负极。④将挡位置于直流 20 V 挡。⑤测试所加电压,红表笔接正极,黑表笔接负极。⑥读值,验证所加电压是否为 9 V。

(2)用万用表测试以下电位,填入下表。

测试点	P_1	$U_1$3 脚
电压/V	9.085	7.708

测量 P_1 电压(如图 6-161 所示):①选择直流电压 20 V 挡;②黑表笔接 P_1 负极,红表笔接 P_1 正极;③读数。

测量 U_1 的 3 脚电位(如图 6-162 所示):①选择直流电压 20 V 挡;②黑表笔接 GND;③红表笔接 U_1 的 3 脚;④读数。

(3)检查示波器,填写下表。

型号	RIGOL DS1102E
是否正常	正常

操作步骤如图 6-163 所示。

①探头的衰减开关置于×1 处。②黑色鳄鱼夹接示波器地。③探头挂钩接示波器校准信号。④按下 AUTO 按钮,自动测量。⑤按下 Measure 键。⑥按下 F5 功能键,选择测量开。⑦读相关参数,验证示波器好坏。

图 6-161　测量 P_1 电压

图 6-162　测量 U_1 的 3 脚电位

2.通电电路调试

（1）调节 R_{P1}、TP_2 输出 DC 5 V。

操作步骤如图 6-164 所示。

①选择直流 20 V 挡。②黑表笔接 TP_1（GND）。③红表笔接 TP_2（测试点）。④调节精密电位器，调至所需电压值。⑤监测调节值，调至 5 V 停止调节。

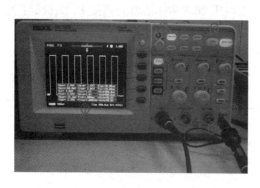

图 6-163　示波器校准

图 6-164　操作步骤

（2）断点 S 用焊锡连接，调节 R_{P2}，电烙铁接近 R_{T1} 加热，蜂鸣器 B_1 鸣叫，绿灯 VD_8 灭。

①在电路板焊接面，找到断点 S 用焊锡连接。

②按照图 6-165 所示步骤调试：a.用螺丝刀调节 R_{P2}。b.电烙铁加热 R_{T1} 引脚。c.VD_8熄灭。d.蜂鸣器 B_1 鸣叫。

（3）电烙铁离开，温度降低后，蜂鸣器 B_1 停止鸣叫，绿灯 VD_8 亮。

操作步骤如图 6-166 所示。

①移开烙铁头。②等待 R_{T1} 温度降低。③VD_8 亮。④蜂鸣器 B_1 停止鸣叫。

图 6-165　B_1 鸣叫

图 6-166　B_1 停止鸣叫

3.通电电路测试

（1）用万用表测试下列参数，填入下表。

状态/测试点	TP_2 端	TP_3 端	TP_4 端
B_1 不鸣叫，VD_8 亮	5.037 V	2.777 V	0.097 V

测量 TP_2 的电位操作步骤如图 6-167 所示。

①选择直流 20 V 挡；②黑表笔接 TP_1（GND）；③红表笔接 TP_2（测试点）；④读数。

测量 TP_3 的电位操作步骤如图 6-168 所示。

①选择直流 20 V 挡；②黑表笔接 TP_1（GND）；③红表笔接 TP_3（测试点）；④读数。

图 6-167　测量 TP_2 电位

图 6-168　测量 TP_3 电位

测量 TP_4 的电位操作步骤如图 6-169 所示。

①选择直流 20 V 挡；②黑表笔接 TP_1（GND）；③红表笔接 TP_4（测试点）；④读数。

（2）断开断点 S，VD_8 熄灭时，用示波器测试 U_3 第 3 脚（TP_5）的波形，将相关波形和参数填入表 6-18 中。

第一步：断开电路板焊接面断点 S。

第二步：电烙铁对 R_{T1} 加热；VD_8 熄灭；蜂鸣器未鸣叫，如图 6-170 所示。

图 6-169　测量 TP_4 电位

图 6-170　测量第二步

第三步：①TP_1（GND）接示波器黑色鳄鱼夹；②TP_5（测试点）接示波器探头挂钩；③按下 AUTO 按钮，自动测量；④按下 Measure 键；⑤按下 F5 功能键，选择测量开；⑥读相关参数；⑦填写相关参数，如图 6-171 所示。

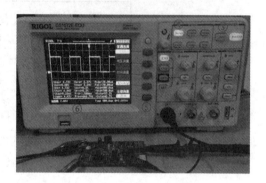

图 6-171　TP_5 点波形测量

表 6-18　波形和参数

波形	波形峰峰值	波形的频率
	4.7 V	666.7 Hz
	X 轴量程挡位	Y 轴量程挡位
	500 μs/DIV	2 V/DIV

4.问答题

①电路中电位器 R_{P2} 的作用是什么？

②电路中 U_3 与相应元器件构成什么电路？哪些元件决定信号频率？

③TP$_2$ 点可调电压范围是多少？电路中 R_{T1} 的作用是什么？

④电路若 VD$_1$ 开路会出现什么现象？

⑤电路中 U2A 构成何种电路？

八、检查答卷

①检查试卷与答题卡的姓名、准考证号、工位号是否填写。

②检查答案是否填写错误、是否漏填，单位是否错误。

③检查波形的画法是否符合要求，电压格、时间格是否错误。

④检查卷面是否整洁。

九、整理工作台

整理仪器:把仪器、相关的仪器用线摆放整齐。

整理桌面:把桌面的残留引脚及垃圾收拾干净。

整理桌凳:把桌子、凳子摆放整齐。

知识扩展

1.桥式整流滤波原理分析

（1）元器件作用

P$_1$:接线端,接入交流电源。

VD$_1$～VD$_4$:整流,把交流电变成脉动的直流电。

C_1、C_2:滤波,把脉动的直流电变成平滑的直流电。

（2）桥式整流滤波电路原理分析

正半周:如图 6-172 所示,P$_1$ 端的 1 脚为正,2 脚为负,P$_1$ 的 1 脚→VD$_1$→C_1、C_2 滤波→R_5→VD$_4$→P$_1$ 的 2 脚。

负半周:如图 6-173 所示,P$_1$ 端的 1 脚为负,2 脚为正,P$_1$ 的 2 脚→VD$_3$→C_1、C_2 滤波→R_5→VD$_2$→P$_1$ 的 1 脚。

2.可调稳压原理分析

可调稳压电路原理电路图如图 6-174 所示。

（1）元器件作用

LM317:可调节三端正电压输出集成。1 脚为电压调节脚,2 脚为电压输出脚,3 脚为电压输入脚。输出电压 $U_o=1.25\times(1+R_{P1}/R_1)$。

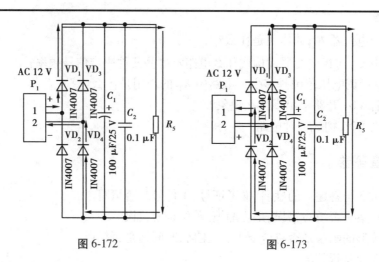

图 6-172　　　　　　　　　　　　　图 6-173

R_1、R_{P1}：调节输出电压。

VD_5、VD_6：输入、输出端短路保护二极管。

C_3：调节端滤波电容,具有稳定输出的作用,并具有软启动电路的作用。

C_2：输入滤波电容。

R_2、VD_7：电源指示。

(2)可调稳压原理分析

根据公式 $V_{out} = 1.25×(1+R_{P1}/R_1)$ 分析;要使输出电压 V_{out} 变大,只需把 R_{P1} 变大(R_{P1} 向下滑动在电路中引入的阻值才大,LM317 的 1 脚电压才高)或把 R_1 变小;要使输出电压 V_{out} 变小,只需把 R_{P1} 变小(R_{P1} 向上滑动在电路中引入的阻值才小,LM317 的 1 脚电压才低)或把 R_1 变大。

3.电压比较器原理分析

电压比较器原理图如图 6-175 所示。

(1)元器件作用

U2A:运放放大器,此处作为比较器用。

R_{P2}、R_3、R_{T1}:串联分压,为 U2A 的 2 脚提供偏置电压。

R_{T1}:负温度系数的热敏电阻,温度升高电阻降低。

R_4、R_5:串联分压,为 U2A 的 3 脚提供偏置电压。

R_6、VD_5:构成低温指示。

R_7、R_5:构成超温报警控制电路,控制后面的报警电路。

(2)原理分析

根据运算放大的特点:当同向端电压大于反向端电压时,输出为高电平;当反向端电压大于同向端电压时,输出为低电平。理想运算放大器的输入电阻 R_i 为∞,由此

可知 U_2 的 3 脚电位为 $VCC \times (R_5/(R_4+R_5)) = VCC \times (100/200) = 1/2VCC$,假设 $VCC = 6\,V$,则 U_2 的 3 脚电位为 3 V。

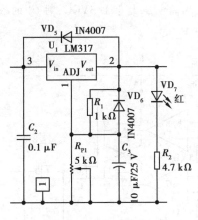

图 6-174　可调稳压电路　　　　　　　　图 6-175　电压比较器

当温度较低时,R_{T1} 的阻值就大,$U_{R_{T1}}$ 就越大(串联分压原理,阻值越大分压越多),$U_{R_{T1}}$ 越大 U_2 的 2 脚电位就越高,U_2 的 2 脚电位就大于 U_2 的 3 脚电位,U_2 的 1 脚就得到低电平,VCC→R_6→VD5→U_2 的 1 脚形成回路,VD_8 亮,说明温度没有超过报警值,同时 TP_4 为低电平,报警电路停止工作。

当温度较高时,R_{T1} 的阻值就小,$U_{R_{T1}}$ 就越小(串联分压原理,阻值越小分压越小),$U_{R_{T1}}$ 越小 U_2 的 2 脚电位就越小,U_2 的 2 脚电位就小于 U_2 的 3 脚电位,U_2 的 1 脚就得到高电平,VCC→R_6→VD_5→U_2 的 1 脚形成不了回路,VD_8 灭,说明温度超过报警值,U_2 的 1 脚高电平经过 R_7、R_5 到电源负极形成回路,使得 TP_4 为高电平,促使报警电路工作。

4.555 多谐振荡原理分析

555 多谐振荡原理图如图 6-176、图-177 所示。

(1)元器件作用

R_9、R_{10}、C_4:构成多谐振荡器的时钟电路,决定多谐振荡电路的振荡频率。

C_5:放电电容。

U_3:构成多谐振荡器,产生矩形波。1 脚,接地;2 脚,低触发端;3 脚,输出端 V_o;4 脚,直接清零端;5 脚,控制电压端;6 脚,TH 高触发端;7 脚,放电端;8 脚,接电源 VCC。

(2)原理分析

555 内部工作原理:在图 6-177 中,两个比较器的输出电压控制 RS 触发器和放电管(TD)的状态。在电源与地之间加上电压,当5脚悬空时,则电压比较器C_1的同相输入端的电压为2/3VCC,C_2的反相输入端的电压为1/3VCC。若触发输入端TR的电压小于1/3VCC,则比较器C_2的输出为0,可使RS触发器置1,使输出端$V_o=1$。如果阈值输入端TH的电压大于2/3VCC,同时TR端的电压大于1/3VCC,则C_1的输出为0,C_2的输出为1,可将RS触发器置0,使输出$V_o=0$。

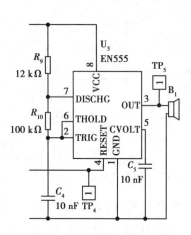

图6-176 555多谐振荡电路

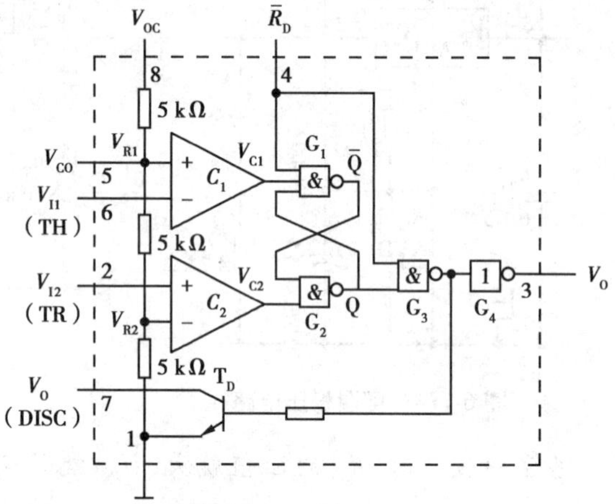

图6-177 555多谐振荡电路

振荡原理:图6-176中,由于2、6脚连在一起,当2、6电压大于2/3VCC,则输出OUT=0;当2、6电压小于1/3VCC,则输出OUT=1;接通电源后,假定3脚输出是高电平,则在图6-177中的G3输出为0,TD截止,7脚为高电平,电容C_4充电。充电回路是VCC—R_9—R_{10}—C_4—地,按指数规律上升,当上升到时(TH、TL端电平大于2/3VCC),输出翻转为低电平,则输出OUT=0,图6-177中的G3输出为1,TD导通,7脚为低电平,C_4放电,放电回路为C_4—R_{10}—7脚—TD—地,按指数规律下降,当TH与TL端电平下降到小于1/3VCC时,输出OUT翻转为高电平,G3输出为0,放电管TD截止,电容再次充电,如此周而复始,产生振荡。

任务六 计数器的组装、调试与检测

【任务目标】

1.正确组装计数器。

2.调试计数器的功能。

3.使用仪器对相关参数进行测试。

【任务分解】

任务实施流程如图 6-178 所示。

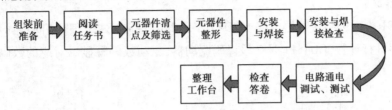

组装前准备 → 阅读任务书 → 元器件清点及筛选 → 元器件整形 → 安装与焊接 → 安装与焊接检查 → 电路通电调试、测试 → 检查答卷 → 整理工作台

图 6-178　任务实施流程

一、组装前准备

正确着装：穿好绝缘服、绝缘鞋，戴好绝缘手套、绝缘帽。
焊接工具准备：焊锡丝、松香、烙铁、烙铁架、海绵、锉刀等。
常用工具准备：一字起、十字起、斜口钳、电源连线等。
仪器的校准：稳压电源、万用表、示波器、信号发生器等。
仪器校准正确和错误示例分别如图 6-179、图 6-180 所示。

（a）校正错误（电流调节旋钮最小，处于CC模式）

（b）校正正确

图 6-179

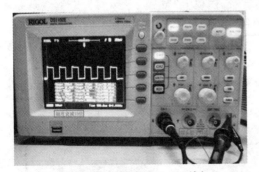

（a）校正错误（探头置于×10处）

（b）校正正确

图 6-180

二、阅读任务书

要求:通篇阅读一遍,按照前后顺序依次阅读,内容重要的部分,用签字笔勾画出来。

1.任务说明

图 6-181 为十进制计数器电路。CD4518 是 2-10 进制(8421 编码)同步计数器,对 U_1 产生的脉冲进行计数,CD4511 是 7 段译码驱动器,驱动数码管显示对应的数码。SB 是复位开关。

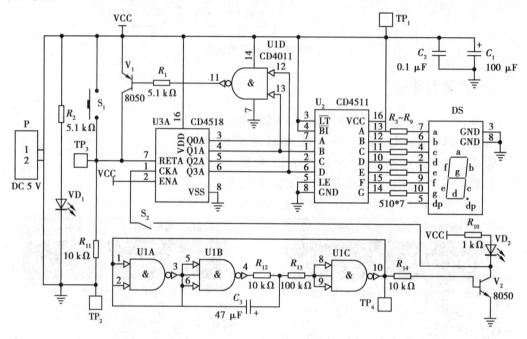

图 6-181　十进制计数器电路原理图

2.常用电子元器件的识别、测试、选用

请根据元器件清单表(表 6-19),清点元器件数目和目测 PCB 板有无明显缺陷,不得丢失、损坏元器件,清点无误后在表格的"清点结果"栏填上"√"。

表 6-19　元器件清单表

序号	名称	型号规格	位置	数量/个	清点结果
1	贴片三极管	9014(J6)	SMT 区 Q	1	
2	贴片电容	1 nF	SMT 区 C	1	
3	贴片集成块	LM358	SMT 区 U	1	
4	贴片电阻	10 kΩ	SMT 区 R,R_{11},R_{12},R_{14}	4	

序号	名称	型号规格	位置	数量/个	清点结果
5	金属膜电阻	1 kΩ	R_{10}	1	
6	金属膜电阻	5.1 kΩ	R_1,R_2	2	
7	金属膜电阻	510 Ω	R_3,R_4,R_5,R_6,R_7,R_8,R_9	7	
8	金属膜电阻	100 kΩ	R_{13}	1	
9	电解电容	100 μF	C_1	1	
10	电解电容	47 μF	C_3	1	
11	瓷片电容	0.1 μF	C_2	1	
12	发光二极	LED	VD_1,VD_2	2	
13	三极管	8550	V_1	1	
14	三极管	8050	V_2	1	
15	开关	微动开关	S_1	1	
16	数码管	数码管	DS	1	
17	集成 IC	CD4011	U_1	1	
18	集成 IC	CD4511	U_2	1	
19	集成 IC	CD4518	U_3	1	
20	IC 座	DIP-14	U_1	1	
21	IC 座	DIP-16	U_2,U_3	2	
22	排针	单排针	P,S_2,$TP_1 \sim TP_4$	8	
23	短路帽	2.54 mm	—	1	
24	印制电路板	配套	—	1	
	合计			43	

用万用表测试元器件并判断其好坏,损坏的元件举手调换。

序号	名 称	识别及检测内容
1	R_{10}	测量值：_____，判断好坏：_____
2	VD_1	测量 VD_1 的好坏：_____

3.简易电子产品电路的安装

使用焊接工具焊装电路,元件安装位置正确,焊点标准,焊装产品符合工艺要求。

4.简易电子产品电路的通电测试

装接完毕,检查无误后,正确使用工位上提供的仪器仪表对电路的功能及参数进行测量,并记录相关数据和波形,如有故障应排除后再通电。

(1)常用仪器仪表使用

①检查示波器,填写下表。

型号	
是否正常	

②检查无误后,将直流稳压电源输出 DC 5 V 后连接到电路板,VD_1 发光。

③用万用表测试电位,填入下表。

测试点	TP_1
电位/V	

(2)通电电路调试

①断开 S_2,观察 VD_2 的现象是_____。

②闭合 S_2,观察数码管的现象是_____。

③闭合 S_2,数码管显示过程中按下 S_1,观察数码管的现象是_____。

④按住 S_1 不放,用万用表测试 TP_3 电位,填入下表。

测试点	TP_3
电位/V	

(3)通电电路测试

S_2 断开,用示波器测试 TP_4 的波形参数并绘入下表:

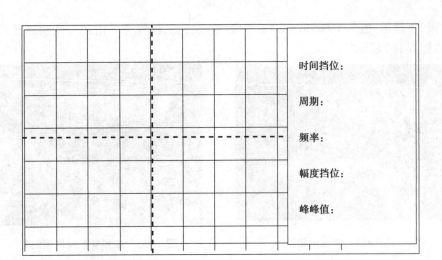

时间挡位：

周期：

频率：

幅度挡位：

峰峰值：

5.职业素养与安全文明操作

举止文明、遵守秩序、爱惜设备、规范操作、摆放整齐、台面清洁等。

6.元器件分类

按照元器件的类别分类，贴片电阻、发光二极管、三极管、集成块、集成插座、电容、排针等分为一类，如图 6-182 所示。

三、元器件测量

1.测量电阻 R_{10} 的操作步骤

第一步：读出色环电阻的标称值 1 kΩ，如图 6-183 所示。

第二步：①挡位选择 2 kΩ 挡；②黑表笔接电阻一端；③红表笔接电阻另一端；④读值：0.992 6 kΩ，在误差允许范围内，电阻可用，如图 6-184 所示。

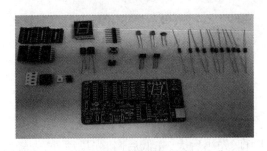

图 6-182　元器件分类

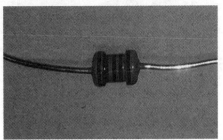

图 6-183　读阻值

2.测量发光二极管 VD_1 的操作步骤

第一步测量反向电阻：①挡位选择蜂鸣挡；②黑表笔接二极管正极；③红表笔接二极管负极；④读值，值为无穷大，说明反向截止，如图 6-185 所示。

第二步测量正向电阻：①挡位选择二极管挡；②黑表笔接二极管负极；③红表笔接二

极管正极;④读值,值为 1 808.6,说明正向导通,发光二极管亮。由此可判断二极管完好,可用,如图 6-186 所示。

图 6-184　测量电阻

图 6-185　二极管反向电阻测量

四、元器件整形

整形原则:根据安装元件焊盘的间距大小分类整形,要求整形的引脚为圆弧 90°。部分元件示例如图 6-187、图 6-188 所示,其他元器件整形略。

图 6-186　二极管正向电阻测量

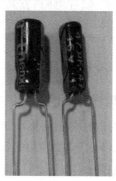

图 6-187　电解电
容引脚整形

图 6-188　三极管
引脚整形

五、安装与焊接

1.安装原则

根据原理图或元器件清单表,按照先贴后直、先小后大、先低后高、先里后外、先轻后重的顺序,分类对元器件进行整形安装与焊接。安装与焊接流程如图 6-189 所示。

2.安装要求、步骤及效果

（1）安装要求

贴片元器件:贴板安装,焊接不能短接引脚。

色环电阻:面向板子的正面,横向安装时首环在左,纵向安装时首环在上,贴板安装,安装时注意阻值大小。

图 6-189 安装与焊接流程

按键开关:贴板安装;焊接时注意温度,焊接时间不宜过长,防止将开关烫坏。

IC 座:贴板安装,安装时注意 IC 座方向,IC 座缺口与 IC 封装图形缺口一致;焊接时注意温度,焊接时间不宜过长,防止将 IC 座烫坏。

发光二极管:贴板安装,安装时注意发光二极管的极性。

瓷片电容:离板面 4~6 mm 安装,安装时注意容量大小。

三极管:整形后安装,离板面 4~6 mm 安装,安装时注意三极管型号及方向。

电解电容:整形后安装,离板面 1~2 mm 安装,安装时注意电容的极性与容量。

数码管:贴板安装,安装时注意方向,数码管的点与数码管封装图点相对。

接线端子:贴板安装,安装时注意方向。

(2)安装步骤

①安装贴片元器件、卧式电阻、瓷片电容,如图 6-190 所示。

②安装 IC 座、发光二极管、排针,如图 6-191 所示。

图 6-190 安装贴片元器件等　　　　图 6-191 安装 IC 座等

③安装按键开关、三极管、数码管,如图 6-192 所示。

④安装电解电容、IC,如图 6-193 所示。

(3)安装效果

安装完成后效果如图 6-194 所示,焊点效果如图 6-195 所示。

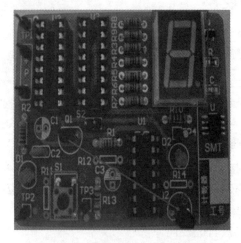

图 6-192　安装按键开关等

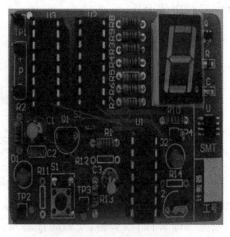

图 6-193　安装电解电容等

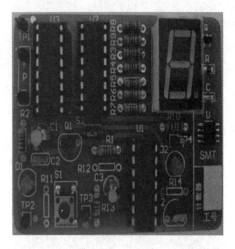

图 6-194　安装效果

图 6-195　焊点效果

六、安装与焊接检查

1.检查元器件安装

电阻:检查阻值是否正确,电阻的安装方向、高低是否正确。

二极管:检查二极管的极性是否安装正确,二极管的安装方向、高低是否正确。

电容:检查电解电容的大小、极性是否安装正确,瓷片、独石电容的容量是否正确。

集成:检查集成插座方向、高低是否正确,集成块型号、方向是安装是否正确,引脚是否插入插槽。

其他元器件检查,略。

安装错误示例如图 6-196、图 6-197 所示。

图 6-196　U_3 集成块装反图

图 6-197　电解电容 C_3 极性接反

2.检查焊点与板子

①检查引脚是否过长。

②检查是否有漏焊、虚焊、拉尖、桥接,焊点是否光滑、圆润。

③检查焊锡量是否过多、是否过少。

④检查电路板的松香是否过多。

⑤检查电路板是否有刮伤、刮花等情况。

焊接错误示例如图 6-198 所示。

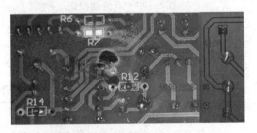

图 6-198　焊接错误示例

七、电路通电调试与测试

1.常用仪器仪表使用

(1)检查示波器,填写下表。

型号	RIGOL DS1102E
是否正常	正常

操作步骤如图 6-199 所示。

①探头的衰减开关置于×1 处;②黑色鳄鱼夹接示波器的地;③探头挂钩接示波器输出信号;④按下 AUTO 按钮,自动测量;⑤按下 Measure 键;⑥按下 F5 功能键,选择测量开;⑦读相关参数,验证示波器好坏。

(2)检查无误后,将直流稳压电源输出 DC 5 V 后连接到电路板,VD_1 发光。

操作步骤如图 6-200 所示。

①调节 VOLTS,使稳压电源输出电压为 5 V;②连接电源线,红线接稳压电源正极,黑线接稳压电源负极;③给电路板加电源,红色鳄鱼夹接电路板正极,黑色鳄鱼夹接电路板

负极;④测量所加电压;⑤读值,验证所加电压是否为 5 V(±0.1)V,同时看 VD₁ 是否发光。

图 6-199　示波器校正

图 6-200　通电测试

(3)用万用表测试电位,填入下表。

测试点	TP₁
电位/V	4.952

测量 TP₁ 电位的操作步骤如图 6-201 所示。

①选择直流 20 V 挡;②黑表笔接 P 端口的负极、红表笔接 P 端口的正极;③读数。

2.通电电路调试

①断开 S₂,观察 VD2 的现象是　闪烁　。

②闭合 S₂,观察数码管的现象是　数码管从 0—9 循环显示　。

③闭合 S₂,数码管显示过程中按下 S₁,观察数码管的现象是　数码管显示数字 0　。

操作步骤如图 6-202 所示。

图 6-201　测量 TP₁ 电位

图 6-202　通电电路调试

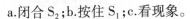

a.闭合 S_2；b.按住 S_1；c.看现象。

④按住 S_1 不放，用万用表测试 TP_3 电位，填入下表。

测试点	TP_3
电位/V	4.911

操作步骤如图 6-203 所示。

a.选择直流 20 V 挡；b.用手按住 S_1 不放；c.万用表黑表笔接 GND；d.万用表红表笔接 TP_3；e.读数。

3.通电电路测试

S_2 断开，用示波器测试 TP_4 的波形参数并绘入下表。操作步骤如图 6-204 所示。

图 6-203　测试 TP_3 电位

图 6-204　测试 TP_4 波形

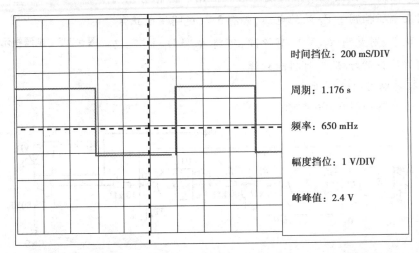

时间挡位：200 mS/DIV

周期：1.176 s

频率：650 mHz

幅度挡位：1 V/DIV

峰峰值：2.4 V

①断开 S_2；②探头黑色鳄鱼夹接 GND；③探头红色鳄鱼夹接 TP_4；④按下 AUTO 按钮，自动测量；⑤按下 Measure 键；⑥按下 F5 功能键，开始测量；⑦读相关参数；⑧填写相关参数。

八、检查答卷

①检查试卷与答题卡的姓名、准考证号、工位号是否填写。
②检查答案是否填写错误、是否漏填,单位是否错误。
③检查波形的画法是否符合要求,电压格、时间格是否错误。
④检查卷面是否整洁。

九、整理工作台

整理仪器:把仪器、相关的仪器用线摆放整齐。
整理桌面:把桌面的残留引脚及垃圾收拾干净。
整理桌凳:把桌子、凳子摆放整齐。

知识扩展

1.电源指示电路原理分析

电源指示电路如图 6-205 所示。

(1)元器件作用

P:电源接线端。

R_2、VD_1:构成电源指示电路,R_2 限流起保护作用。

(2)原理分析

VD_1 亮:说明 5 V 电源供电正常;VD_1 不亮:说明电源未接好、电源极性接反、VD_1 接反或者后级短路。具体办法可用万用表电压挡测量 P_1 两端电压,若有 5 V,说明供电正常、无短路现象,则说明 R_2、VD_1 有故障,可将 R_2、VD_1 拆下,万用表欧姆挡测量好坏,即可排除故障。

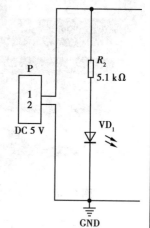

图 6-205　电源指示电路

2.振荡电路原理分析

振荡电路如图 6-206 所示。

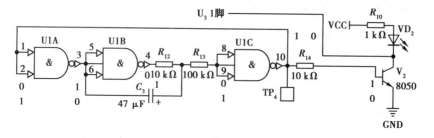

图 6-206　振荡电路

（1）元器件作用

U_1：与非门，功能：有 0 出 1，全 1 出 0，此处作为非门用，取反。

R_{12}、R_{13}、C_3 构成：RC 选频网络，决定振荡电路的频率。

R_{14}：提供 V_2 基极偏置电压。

V_2：三极管，起开关的作用。

R_{10} 限流保护、VD_2 发光指示。

（2）原理分析

在图 6-206 中，U_1 的 1、2 脚为 0→U_1 的 3、5、6 脚为 1→U_1 的 4 脚为 0→U_1 的 8、9 脚为 0→U_1 的 10 脚为 1→TP_4 得到 1。TP_4 为 1→U_1 的 1、2 脚为 1→U_1 的 3、5、6 脚为 0→U_1 的 4 脚为 1→U_1 的 8、9 脚为 1→U_1 的 10 脚为 0→TP_4 得到 0。往复循环从而在 TP_4 得到方波，方波频率的大小由 R_{12}、R_{13}、C_3 的充放电时间决定。TP_4 得到的方波控制 V_2，当 V_2 的基极为 1 时 V_2 饱和导通，VCC→R_{10}→VD_2→V_2→地，VD_2 亮，当 V_2 的基极为 0 时 V_2 截止，电路没有形成回路，VD_2 灭。同时 V_2 的集电极给 U_3 的 1 脚提供时钟信号。

3.二一十进制（8421 编码）同步加计数器原理分析

二一十进制同步加计数器原理图如图 6-207 所示。

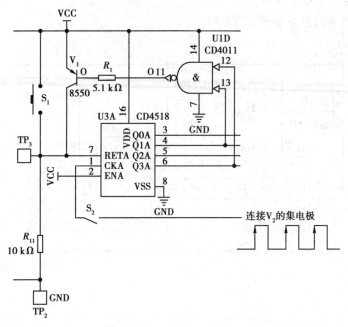

图 6-207 二一十进制同步加计数器

（1）元器件作用

S_1、R_{11}：复位电路，控制 U_3 的清除端，高电平复位清零。

V_1：三极管，起开关的作用。

U1D：与非门，有 0 出 1，全 1 出 0。

CD4518：二—十进制（8421 编码）同步加计数器。

（2）原理分析

● 计数原理：图 6-207 中，通电前：U_3 的 QA3-0 输出为 0000（8421 编码），对应十进制的 0。S_2 闭合后。

第 1 个时钟脉冲：U3A 的 Q3-0 输出为 0001（8421 编码），对应十进制的 1。

第 2 个时钟脉冲：U3A 的 Q3-0 输出为 0010（8421 编码），对应十进制的 2。

第 3 个时钟脉冲：U3A 的 Q3-0 输出为 0011（8421 编码），对应十进制的 3。

以此类推，当第 10 个脉冲来时，U3A 的 Q3-0 输出为 1010（对应十进制的 10），使 U_1 的 12、13 脚都为 1，从 U_1 的 11 脚变为 0，V_1 导通 VCC 通过三极管加到计数器的清零复位端，复位计数器，计数器 U3A 的 Q3-0 输出为 0000。

● 清零复位

S_1 断开：U3A 的 7 脚为低电平，计数器正常工作。

S_1 闭合：VCC 加在 U3A 的 7 脚为高电平，计数器复位，计数清零，数码管显示"0"。

4.译码显示电路原理分析

译码显示电路原理如图 6-208 所示。

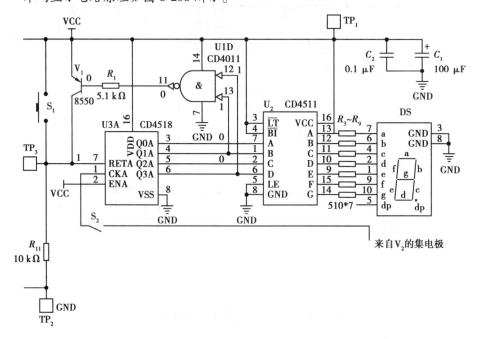

图 6-208　译码显示电路

（1）元器件作用

CD4518：二、十进制（8421 编码）同步加计数器。

CD4511：7 段数码数码管的译码器。

DS：共阴极的数码管，输入端加高电平亮，加低电平灭。

（2）原理分析

图 6-208 中，V_2 的第 1 个脉冲没来前：U_3 的 AQ3-0 输出为 0000，U_2 的输入 A—D（7、1、2、6 脚）为 0000，U_2 的输出 A—G 为 1111110，DS 的 a—g 为 1111110，a—f 都为高电平，g 为低电平，此时显示数字"0"。

V_2 的第 1 个脉冲到来：U_3 的 AQ3-0 输出为 0001，U_2 的输入 A—D（7、1、2、6 脚）为 0001，U_2 的输出 A—G 为 0110000，DS 的 a—g 为 0110000，b、c 为高电平，其他为低电平，此时显示数字"1"。以此类推。

V_2 的第 10 个脉冲来：U_3 的 AQ3-0 输出为 1010，U_2 的输入 A—D（7、1、2、6 脚）为 1010，使 U_1 的 12、13 脚都为 1，U_1 的 11 脚变为 0，V_1 导通 VCC 通过三极管加到计数器的清零复位端，复位计数器，计数器 U3A 的 Q3-0 输出为 0000，数码管显示"0"。

项目七

技能考试模拟试题

【项目导读】

电子技术专业技能考试的基本依据是国家中等职业教育电子类专业课程标准,并参照国家电子类行业初级技术等级标准要求。技能考试的主要内容为电子产品装配与测试,可分为应知(专业知识)和应会(技能操作)两大部分的内容,主要考核考生的动手操作能力。技能考试不仅能考核考生的知识和技能,还能检测考生的综合素质。

本项目提供的 15 套模拟试题,题目难度与近年来技能高考试题相当,适合学校用来模拟技能高考。

试题一　稳压—运放试题卷

（本试卷满分 250 分；准备时间 10 分钟，考试时间 80 分钟，共 90 分钟）

【任务说明】

图 7-1 为"稳压—运放应用"电路原理图，该电路主要由稳压电路和 LM358 运算放大构成振荡电路组成，根据所给元器件按任务书要求完成任务。

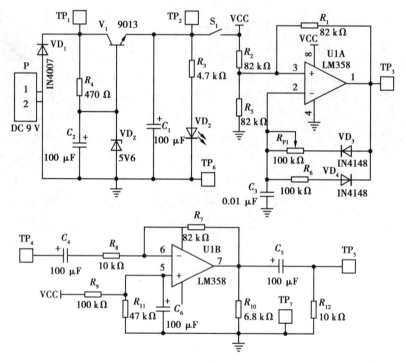

图 7-1　"稳压—运放应用"电路原理图

一、常用电子元器件的识别、测试、选用（50 分）

根据表 7-1 元器件清单表，清点元器件的数量并检查其好坏，正常的元器件在表格"清点结果"栏填上"√"。（20 分）

表 7-1　元件清单表

序号	名称	型号规格	位置	数量/个	清点结果
1	SMT 三极管	9014（J6）	V	1	

续表

序号	名称	型号规格	位置	数量/个	清点结果
2	SMT 电阻	10 kΩ	R	1	
3	SMT 电容	1 nF	C	1	
4	SMT 集成块	LM358	U	1	
5	贴片电阻	10 kΩ	R_8,R_{12}	2	
6	金属膜电阻	82 kΩ	R_1,R_2,R_5,R_7	4	
7	金属膜电阻	4.7 kΩ	R_3	1	
8	金属膜电阻	470 Ω	R_4	1	
9	金属膜电阻	100 kΩ	R_6,R_9	2	
10	金属膜电阻	6.8 kΩ	R_{10}	1	
11	金属膜电阻	47 kΩ	R_{11}	1	
12	精密电位器	100 kΩ	R_{P1}	1	
13	电解电容	100 μF	C_1,C_2,C_4,C_5,C_6	5	
14	独石电容	0.01 μF	C_3	1	
15	发光二极管	LED	VD_2	1	
16	二极管	1N4007	VD_1	1	
17	二极管	1N4148	VD_3,VD_4	2	
18	三极管	9013	V_1	1	
19	稳压二极管	5V6	VD_Z	1	
20	集成 IC	LM358	U_1	1	
21	IC 座	DIP-8	U_1	1	
22	接线端子	2P	P	1	
23	排针	单排针	TP_1,TP_2,TP_3,TP_4,TP_5,TP_6,TP_7	7	
24	排针	单排针	S_1	2	
25	短路帽	2.54 mm	—	1	

续表

序号	名称	型号规格	位置	数量/个	清点结果
26	印制电路板	配套	—	1	
合计				43	

用万用表测试元器件并判断其好坏,元件有损坏的举手调换。(30分)

二、简易电子产品电路的安装(65分)

根据电路原理图,按照工艺要求完成简易电子产品电路的安装。

焊接工艺要求:

PCB上各元器件焊点大小适中,无漏焊、虚焊、假焊、连焊、堆焊,焊点光滑、圆润、干净、无毛刺、无针孔。

装配工艺要求:

PCB上元器件不漏装、错装,不损坏元器件,元器件极性安装正确,接插件安装可靠牢固,集成块需安装底座,整机清洁无污物、无烫伤、划伤,元器件标识符方向符合工艺要求,元器件引脚修剪符合工艺要求。

注意:VD_1板中无正负标识,需自行识别。

三、简易电子产品电路的通电测试(110分)

装接完毕,检查无误后,正确使用工位上提供的仪器仪表对电路的功能及参数进行测量,并记录相关数据和波形,如有故障应进行排除再通电。

1.常用仪器仪表使用(40分)

①检查示波器,填写下表。(10分)

型号	
是否正常	

②检查函数信号发生器,填写下表。(10分)

型号	
是否正常	

③检查无误后,将实训台直流稳压电源输出 DC 9 V(±0.1)后连接到电路板,VD_2发光。(20分)

2.通电电路调试(30分)

①断开 S_1,用万用表测试以下各点电位,填入下表。(10分)

测试点	TP_1	TP_2
电位/V		

②闭合 S_1,用示波器测试 TP_3 波形,调节 R_{P1} 使占空比为 50%,此时波形正脉宽为_____,周期为_____。(20分)

3.通电电路测试(40分)

用函数信号发生器输出 1 kHz、100 mVpp 的正弦波,从电路板 TP_4 输入,用示波器测试 TP_5 的波形并绘入下表。

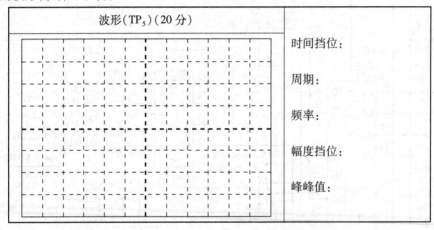

波形(TP_5)(20分)	
	时间挡位:
	周期:
	频率:
	幅度挡位:
	峰峰值:

四、职业素养与安全文明操作(共25分)

举止文明、遵守秩序、爱惜设备、规范操作、摆放整齐、台面清洁等。

试题二　四路抢答器试题卷

（本试卷满分 250 分；准备时间 10 分钟，考试时间 80 分钟，共 90 分钟）

【任务说明】

图 7-2 为"四路抢答器"电子产品的电路原理图，请根据提供的器材及元器件清单进行组装与测试，实现该产品的基本功能，满足相应的技术指标，并完成技能要求中相关的内容。

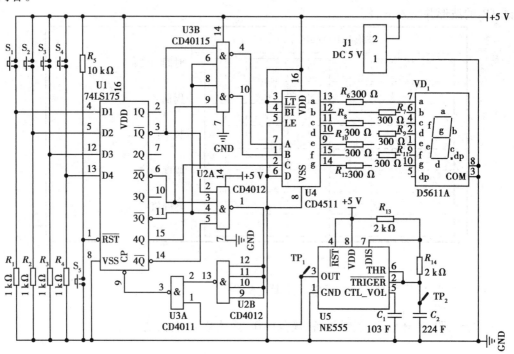

图 7-2　"四路抢答器"电路原理图

一、常用电子元器件的识别、测试、选用（50 分）

根据表 7-2 元器件清单表，清点元器件的数量并检查其好坏，正常的元器件在表格"清点结果"栏填上"√"。（20 分）

表 7-2 元器件清单表

序 号	元器件种类	参数或名称	元器件序号	数量/个	清点结果
1	贴片电阻	1 kΩ	$R,R_1 \sim R_4$	5	
2	贴片电容	1 nF	C	1	
3	贴片三极管	9014(J6)	V	1	
4	贴片 IC	LM358	U	1	
5	电阻	300 Ω	$R_6 \sim R_{12}$	7	
		10 kΩ	R_5	1	
		2 kΩ	$R_{13} \sim R_{14}$	2	
6	电容器	0.01 μF（瓷片）	C_1	1	
		0.22 μF（独石）	C_2	1	
7	集成电路	74LS175N	U_1	1	
		CD4012BE	U2A、U2B	1	
		CD4011BE	U3A、U3B	1	
		CD4511BE	U_4	1	
		NE555P	U_5	1	
8	集成电路插座	DIP8	U_5	1	
		DIP14	U_2、U_3	2	
		DIP16	U_1、U_4	2	
9	LED 数码管	5611A	VD_1	1	
10	按钮开关		$S_1 \sim S_5$	5	
11	排针	单排针	J_1,TP_1,TP_2	4	
12	印制电路板	配套	—	1	
	合计			41	

用万用表测试常用电子元器件并判断其好坏,损坏的元件举手调换。（30 分）

二、简易电子产品电路的安装（65 分）

根据电路原理图，按照工艺要求完成简易电子产品电路的安装。

焊接工艺要求：

PCB 上各元器件焊点大小适中，无漏焊、虚焊、假焊、连焊、堆焊，焊点光滑、圆润、干净、无毛刺、无针孔。

装配工艺要求：

PCB 上元器件不漏装、错装，不损坏元器件，元器件极性安装正确，接插件安装可靠牢固，集成块需安装底座，整机清洁无污物、无烫伤、划伤，元器件标识符方向符合工艺要求，元器件引脚修剪符合工艺要求。

三、简易电子产品电路的通电测试（110 分）

正确使用常用仪器仪表对电路的功能及参数进行测量，并记录相关数据和波形。

1.仪器仪表的使用（40 分）

正确调试直流稳压电源使输出 5 V+0.1 V 为电路规定电压值，将电源电压接入电路；使用万用表、示波器等设备对电路进行相关测试等。

2.电路参数测试（70 分）

电路安装完成，经检测无误后，调试相关元件实现电路功能要求，使用给定的仪器仪表对电路相关点进行测试，并把测量的结果填在答题卡的学生答题区中。

（1）通电电路功能调试（30 分）

调试相关元器件，实现功能为按下 $S_1 \sim S_4$，数码管显示对应数值 1~4；此时再按 $S_1 \sim S_4$ 无效，只有按下 S_5 清零后才能进入下一轮抢答状态。

（2）通电电路参数测试（40 分）

①正确使用万用表测量以下状态时引脚电位。（20 分）

$U_1(1)$脚		$U_1(4)$脚		备注
S_5 松开	S_5 按下	S_5 松开	S_5 按下	电压/V

②波形测量（20 分）。接通电路后，观察并测量 TP_1 的波形参数，绘制波形示意图。

要求：示波器水平坐标为 200 μs/格，纵向坐标为 1 V/格。

TP₁ 波形示意图(10 分)	参考值(10 分)	
	V_{pp}(峰峰值)	P_{rd}(周期)

四、职业素养与安全文明操作(25 分)

举止文明、遵守秩序、爱惜设备、规范操作、摆放整齐、台面清洁等。

知识扩展

1. U_5 单元电路中的时钟元件是哪几个?

2. VD_1 七段散码管显示器是共阴极还是共阳极的数码管?

试题三 运放与占空比试题卷

（本试卷满分 250 分；准备时间 10 分钟，考试时间 80 分钟，共 90 分钟）

【任务说明】

图 7-3 为 LM358 组成的一个放大电路，调节 R_{P1} 可以改变电路放大倍数；NE555 及外围电路组成多谐振荡器，调节 R_{P2} 可以调节输出波形的占空比。

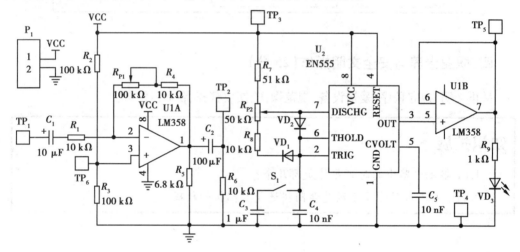

图 7-3　电路原理图

一、常用电子元器件的识别、测试、选用（50 分）

根据表 7-3 元器件清单表，清点元器件的数量并检查其好坏，正常的元器件在表格"清点结果"栏填上"√"。（20 分）

表 7-3　元器件清单表

序号	名称	型号规格	位置	数量/个	清点结果
1	SMT 三极管	9014（J6）	V	1	
2	SMT 电阻	10 kΩ	R	1	
3	SMT 电容	1 nF	C	1	
4	SMT 集成块	LM358	U	1	
5	贴片电阻	10 kΩ	R_1, R_4, R_6, R_8	4	

续表

序号	名称	型号规格	位置	数量/个	清点结果
6	金属膜电阻	1 kΩ	R_9	1	
7	金属膜电阻	100 kΩ	R_2,R_3	2	
8	金属膜电阻	6.8 kΩ	R_5	1	
9	金属膜电阻	51 kΩ	R_7	1	
10	蓝白可调电阻	100 kΩ	R_{P1}	1	
11	蓝白可调电阻	50 kΩ	R_{P2}	1	
12	电解电容	10 μF	C_1	1	
13	电解电容	100 μF	C_2	1	
14	独石电容	1 μF	C_3	1	
15	独石电容	10 nF	C_4,C_5	2	
16	二极管	1N4148	VD_1,VD_2	2	
17	发光二极管	LED	VD_3	1	
18	集成块	LM358	U_1	1	
19	集成块	NE555	U_2	1	
20	IC 座	DIP-8	U_1、U_2	2	
21	排针	单排针	P_1、S_1	4	
22	排针	单排针	TP_1、TP_2、TP_3、TP_4、TP_5、TP_6	6	
23	短路帽	2.54 mm	—	1	
24	印制电路板	配套	—	1	
合计				39	

用万用表测试元器件并判断其好坏,损坏的元件举手调换。(30 分)

二、简易电子产品电路的安装(65 分)

根据电路原理图,按照工艺要求完成简易电子产品电路的安装。

焊接工艺要求:

PCB 上各元器件焊点大小适中,无漏焊、虚焊、假焊、连焊、堆焊,焊点光滑、圆润、干净、无毛刺、无针孔。

装配工艺要求:

PCB 上元器件不漏装、错装,不损坏元器件,元器件极性安装正确,接插件安装可靠牢固,集成块需安装底座,整机清洁无污物、无烫伤、划伤,元器件标识符方向符合工艺要求,元器件引脚修剪符合工艺要求。

三、简易电子产品电路的通电测试(110 分)

装接完毕,检查无误后,正确使用工位上提供的仪器仪表对电路的功能及参数进行测量,并记录相关数据和波形,如有故障应进行排除再通电。

1.常用仪器仪表使用(40 分)

①检查示波器,填写下表。(10 分)

型号	
是否正常	

②检查无误后,将直流稳压电源输出 DC 6 V,连接电路板通电。(10 分)

③利用万用表测试电位,填入下表。(20 分)

测试点	TP_3
电位/V	

2.通电电路调试(30 分)

①用函数信号发生器输出 1 kHz、300 mV_{pp} 的正弦波输入 TP_1,用示波器观察 TP_2,调节 R_{p1},输出波形刚好不失真的峰峰值为_____。(10 分)

②将短路帽插入 S_1,通电观察 VD_3 状态为_____。(10 分)

③用万用表测试以下各点电位,填入下表。(10 分)

测试点	TP_6	TP_4
电位/V		

3.通电电路测试(40分)

断开 S_1,用示波器观察 TP_5 波形,要求选用交流耦合,调节 R_{P2},使占空比为50%。将波形及数据记录如下。

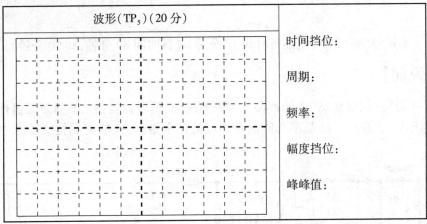

波形(TP_5)(20分)	
	时间挡位:
	周期:
	频率:
	幅度挡位:
	峰峰值:

四、职业素养与安全文明操作(共25分)

举止文明、遵守秩序、爱惜设备、规范操作、摆放整齐、台面清洁等。

试题四 声控双稳态试题卷

（本试卷满分 250 分；准备时间 10 分钟,考试时间 80 分钟,共 90 分钟）

【任务说明】

图 7-4 为"声控双稳态"电子产品的电路原理图,请根据提供的器材及元器件清单进行组装与调试,实现产品的基本功能满足相应的技术指标,并能完成技能要求中的相关内容。

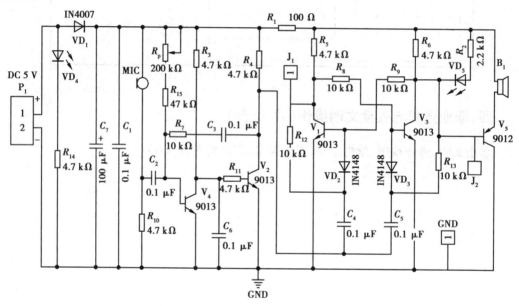

图 7-4 "声控双稳态"电路原理图

一、常用电子元器件的识别、测试、选用(50 分)

根据表 7-4 元器件清单表,清点元器件的数量并检查其好坏,正常的元器件在表格"清点结果"栏填上"√"。(20 分)

表 7-4 元器件清单表

序号	名称	型号规格	位置	数量/个	清点结果
1	SMT 电阻	10 kΩ	R_7,R_8,R_{60}	3	
2	SMT 电容	1 nF	C_{60}	1	

续表

序号	名称	型号规格	位置	数量/个	清点结果
3	SMT 三极管	9014(J6)	V_{60}	1	
4	SMT 集成块	LM358	U	1	
5	瓷片电容	0.1 μF	$C_1, C_2, C_3, C_4, C_5, C_6$	6	
6	电解电容	100 μF	C_7	1	
7	直插二极管	1N4007	VD_1	1	
8	直插二极管	1N4148	VD_2, VD_3	2	
9	LED	红灯	VD_4, VD_5	2	
10	驻极体话筒	咪头	MIC	1	
11	金属膜电阻	10 kΩ	R_9, R_{12}, R_{13}	3	
12	金属膜电阻	100 Ω	R_1	1	
13	金属膜电阻	2.2 kΩ	R_2	1	
14	金属膜电阻	4.7 kΩ	$R_3, R_4, R_5, R_6, R_{10}, R_{11}, R_{14}$	7	
15	金属膜电阻	47 kΩ	R_{15}	1	
16	蓝白电位器	200 kΩ	R_P	1	
17	三极管	9013	V_1, V_2, V_3, V_4	4	
18	三极管	9012	V_5	1	
19	蜂鸣器	D3.5	B_1	1	
20	排针	单排针	J_1, J_2, GND	3	
21	接线端	KF301-2P	P_1	1	
22	印制电路板	配套	—	1	
合计				44	

用万用表测试元器件并判断其好坏,损坏的元件举手调换。(30分)

二、简易电子产品电路的安装(65分)

根据电路原理图,按照工艺要求完成简易电子产品电路的安装。

焊接工艺要求:

PCB上各元器件焊点大小适中,无漏焊、虚焊、假焊、连焊、堆焊,焊点光滑、圆润、干净、无毛刺、无针孔。

装配工艺要求:

PCB上元器件不漏装、错装,不损坏元器件,元器件极性安装正确,接插件安装可靠牢固,集成块需安装底座,整机清洁无污物、无烫伤、划伤,元器件标识符方向符合工艺要求,元器件引脚修剪符合工艺要求。

三、简易电子产品电路的通电测试(110分)

正确使用常用仪器仪表对电路的功能及参数进行测量,并记录相关数据和波形。

1.常用仪器仪表使用(40分)

①检查无误,经监考老师同意后,将直流稳压电源的输出电压调整为DC 5.0 V(± 0.1 V)接入电路板。(10分)

②用万用表测试P_1电源端电压,填入下表。(20分)

测试点	P_1
电压/V	

③检查示波器,填写下表。(10分)

型号	
是否正常	

2.通电电路调试(30分)

①通电后,对着驻极体话筒MIC拍掌,观察到的现象是_____。(10分)

②电路正常工作后,用万用表测量以下数据。(20分)

VD_5 灯亮时		VD_5 灯灭时	
J_1端	J_2端	J_1端	J_2端

3.通电电路测试(40分)

VD_5灯亮时,用给定的仪器仪表测量J_1的波形并将相关波形和参数填入下表中。

J₁波形(20分)	峰峰值(5分)	周期(5分)
	频率(5分)	最大值(5分)

四、职业素养与安全文明操作(共25分)

举止文明、遵守秩序、爱惜设备、规范操作、摆放整齐、台面清洁等。

知识扩展

1.本电路中 V_5 的作用是什么?

2.本电路 MIC 和 R_P 的作用是什么?

3.电路中 R_1 的作用?

4.二极管 VD_1 在电路中的作用?

5.VD_4、R_{14} 组成什么电路?起什么作用?

试题五　红外探测器试题卷

（本试卷满分 250 分；准备时间 10 分钟，考试时间 80 分钟，共 90 分钟）

【任务说明】

图 7-5 为"红外探测器"电子产品的电路原理图（当手掌靠近红外对管时 LED_2 亮，蜂鸣器鸣叫报警，反之 LED_2 熄灭蜂鸣器不鸣叫，R_{P1} 可调节报警时间长短），请根据提供的器材及元器件清单进行组装与测试，实现该产品的基本功能，满足相应的技术指标，并完成技能要求中相关的内容。

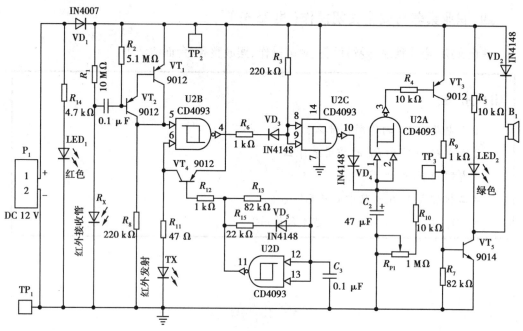

图 7-5 "红外探测器"电路原理图

一、常用电子元器件的识别、测试、选用（50 分）

根据表 7-5 元件清单表，清点元器件的数量并检查其好坏，正常的元器件在表格"清点结果"栏填上"√"。（20 分）

表 7-5　元件清单表

序号	名称	型号规格	位置	数量/个	清点结果
1	贴片电阻	10 kΩ	R_4, R_5, R_{10}, R_{60}	4	
2	贴片电容	0.1 μF	C_1, C_3, C_{60}	3	
3	贴片三极管	9014(J_6)	U_{60}	1	
4	贴片集成块	LM339	U_1	1	
5	蜂鸣器	D3.5	B1	1	
6	直插二极管	1N4007	VD_1	1	
7	直插二极管	1N4148	VD_2, VD_3, VD_4, VD_5	4	
8	发光二极管	LED(红)	LED_1	1	
9	发光二极管	LED(绿)	LED_2	1	
10	电解电容	47 μF	C_2	1	
11	金属膜电阻	1 kΩ	R_6, R_9, R_{12}	3	
12	金属膜电阻	10 MΩ	R_1	1	
13	金属膜电阻	5.1 MΩ	R_2	1	
14	金属膜电阻	220 kΩ	R_3, R_8	2	
15	金属膜电阻	47 Ω	R_{11}	1	
16	金属膜电阻	82 kΩ	R_{13}, R_7	2	
17	金属膜电阻	4.7 kΩ	R_{14}	1	
18	金属膜电阻	22 kΩ	R_{15}	1	
19	蓝白电位器	1 MΩ	R_{P1}	1	
20	红外接收管	红外接收管	R_X	1	
21	红外发射管	红外发射管	T_X	1	
22	直插三极管	9012	VT_1, VT_2, VT_3, VT_4	4	
23	直插三极管	9013	VT_5	1	
24	集成 IC	CD4093	U_2	1	
25	IC 座	DIP-14	U_2	1	

续表

序号	名称	型号规格	位置	数量/个	清点结果
26	排针	单排针	TP_1,TP_2,TP_3,P_1	5	
27	印制电路板	配套	—	1	
合计				46	

用万用表测试元器件并判断其好坏,损坏的元件举手调换。(30分)

二、简易电子产品电路的安装(65分)

根据电路原理图,按照工艺要求完成简易电子产品电路的安装。

焊接工艺要求:

PCB上各元器件焊点大小适中,无漏焊、虚焊、假焊、连焊、堆焊,焊点光滑、圆润、干净、无毛刺、无针孔。

装配工艺要求:

PCB上元器件不漏装、错装,不损坏元器件,元器件极性安装正确,接插件安装可靠牢固,集成块需安装底座,整机清洁无污物、无烫伤、划伤,器件标识符方向符合工艺要求,元器件引脚修剪符合工艺要求。

三、简易电子产品电路的通电测试(110分)

正确使用常用仪器仪表对电路的功能及参数进行测量,并记录相关数据和波形。

1.常用仪器仪表使用(40分)

①检查无误,经监考老师同意后,将直流稳压电源的输出电压调整为12.0 V(±0.1 V)接入电路板。(10分)

②用万用表测试 P_1 电源端电压,填入下表。(20分)

测试点	P_1
电压/V	

③检查示波器,将检查结果填入下表。(10分)

型号	
是否正常	

2.通电电路调试(30分)

①通电后,R_{P1} 阻值调节至最小(约为 0 Ω)状态,用手遮挡红外线对管,观察 LED_2 和

蜂鸣器的现象是_____。（10分）

②调节R_{P1}改变阻值大小，用手慢慢靠近红外线对管，观察LED_2和蜂鸣器的现象是_____。（10分）

③用万用表测试VT_5集电极电位，并计入下表。（10分）

测试点	LED_2亮	LED_2灭
VT_5（C）脚		

3.通电电路测试（40分）

LED_2熄灭时，用给定的仪器仪表测量U_2集成块⑥脚的波形并将相关波形和参数填入下表中。

波形（20分）	X轴量程挡位（5分）	频率（5分）
	Y轴量程挡位（5分）	峰峰值（5分）

四、职业素养与安全文明操作（共25分）

举止文明、遵守秩序、爱惜设备、规范操作、摆放整齐、台面清洁等。

知识扩展

1.电路中三极管VT_3的作用是什么？

2.电路中二极管VD_1的作用是什么？

3.电路中VT_5的作用是什么？

4.电路中R_{P1}的作用是什么？

5.电路中R_{14}、LED_1的作用是什么？

试题六 逻辑测试仪试题卷

（本试卷满分 250 分；准备时间 10 分钟，考试时间 80 分钟，共 90 分钟）

【任务说明】

图 7-6 为"逻辑测试仪"电子产品的电路原理图，请根据提供的器材及元器件清单进行组装与测试，实现该产品的基本功能，满足相应的技术指标，并完成技能要求中相关的内容。

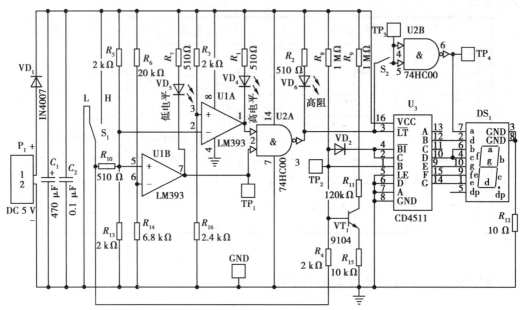

图 7-6 "逻辑测试仪"电路原理图

一、常用电子元器件的识别、测试、选用（50 分）

根据表 7-6 元器件清单表，清点元器件的数量并检查好坏，正常的在表格"清点结果"栏填上"√"。（20 分）

表 7-6 元件清单表

序号	元器件种类	参数或名称	元器件序号	数量/个	清点结果
1	贴片电阻	510 Ω	R_1，R_2，R_7，R_{10}	4	
2	贴片电阻	2 kΩ	R_3，R_4，R_5，R_{13}，R_{60}	5	

续表

序号	元器件种类	参数或名称	元器件序号	数量/个	清点结果
3	贴片电容	0.1 μF	C_2,C_{60}	2	
4	贴片三极管	9014(J6)	V_{60}	1	
5	贴片集成块	LM358	U	1	
6	二极管	1N4007	VD_1,VD_2	2	
7	LED	红色	VD_4(高电平),VD_5(低电平),VD_6(高阻)	3	
8	数码管	5161AS	DS_1	1	
9	电解电容	470 μF	C_1	1	
10	金属膜电阻	20 kΩ	R_6	1	
11	金属膜电阻	1 MΩ	R_8,R_9	2	
12	金属膜电阻	120 kΩ	R_{11}	1	
13	金属膜电阻	10 Ω	R_{12}	1	
14	金属膜电阻	6.8 kΩ	R_{14}	1	
15	金属膜电阻	2.4 kΩ	R_{16}	1	
16	金属膜电阻	10 kΩ	R_{15}	1	
17	集成 IC	LM393	U_1	1	
18	集成 IC	74LS00	U_2	1	
19	集成 IC	CD4511	U_3	1	
20	IC 管座	DIP-8	U_1	1	
21	IC 管座	DIP-14	U_2	1	
22	IC 管座	DIP-16	U_3	1	
23	三极管	9014	VT_1	1	
24	排针	排针	TP_1~TP_4,GND,P_1,S_1,S_2	12	
25	短路帽	2.54 mm	—	2	

续表

序号	元器件种类	参数或名称	元器件序号	数量/个	清点结果
26	印制电路板	配套	—	1	
合计				50	

用万用表测试元器件并判断其好坏,损坏的元件举手调换。(30分)

二、简易电子产品电路的安装(65分)

根据电路原理图,按照工艺要求完成简易电子产品电路的安装。

焊接工艺要求:

PCB上各元器件焊点大小适中,无漏焊、虚焊、假焊、连焊、堆焊,焊点光滑、圆润、干净、无毛刺、无针孔。

装配工艺要求:

PCB上元器件不漏装、错装,不损坏元器件,元器件极性安装正确,接插件安装可靠牢固,集成块需安装底座,整机清洁无污物、无烫伤、划伤,元器件标识符方向符合工艺要求,元器件引脚修剪符合工艺要求。

三、简易电子产品电路的通电测试(110分)

正确使用常用仪器仪表对电路的功能及参数进行测量,并记录相关数据和波形。

1.常用仪器仪表使用(40分)

①检查无误,经监考老师同意后,将直流稳压电源的输出电压调整为 DC 5.0 V (±0.1 V)接入电路板。(10分)

②用万用表测试 P_1 电源端电压,填入下表。(20分)

测试点	P_1
电压/V	

③检查示波器,将检查结果填入下表。(10分)

型号	
是否正常	

2.通电电路调试(30分)

通电后,闭合 S_2,观察如下不同情况时 LED 和数码管的现象:

①S_1悬空(即探笔无输入),观察到的现象是_____。(10分)

②用短路帽插到S_1的L端(即探笔S_1输入低电平0 V),观察到的现象是_____。(10分)

③用短路帽插到S_1的H端(即探笔S_1输入高电平5 V),观察到的现象是_____。(10分)

3.通电电路测试(40分)

①用万用表测试以下各测试点电位,填入表中。(24分)

状态/测试点	TP_1	TP_2
显示"H"		
显示"L"		
显示"8"		

②断开S_2,用信号发生器从TP_3点送入频率100 Hz、峰峰值为8 V_{PP}的方波信号,用示波器测量TP_4点的波形,将测量结果绘入下表。(16分)

波形(TP_4)(8分)	X轴量程挡位(2分)	周期(2分)
	Y轴量程挡位(2分)	峰峰值(2分)

四、职业素养与安全文明操作(共25分)

举止文明、遵守秩序、爱惜设备、规范操作、摆放整齐、台面清洁等。

知识扩展

1.电路中 R_6、R_{14} 的作用是什么?

2.电路中 R_{12} 的作用是什么?

3.电路图中 U2A 是哪种门电路? 它的逻辑功能是什么?

4.电路图中 U2B 的作用是什么?

5.数码管分别显示"L""H""8"3 种状态时,三极管 VT_1 分别工作于什么状态?

试题七 多彩流水灯试题卷

（本试卷满分 250 分；准备时间 10 分钟，考试时间 80 分钟，共 90 分钟）

【任务说明】

图 7-7 为"多彩流水灯"电子产品的电路原理图，请根据提供的元器件清单进行组装与测试，实现该产品的基本功能。

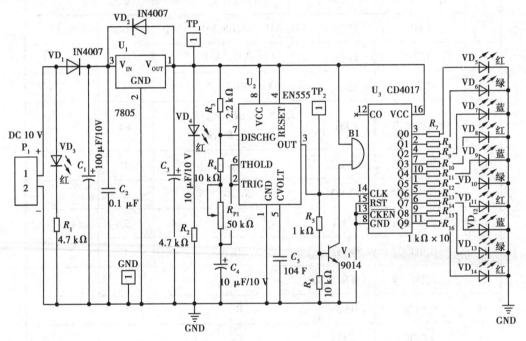

图 7-7 "多彩流水灯"原理图

一、常用电子元器件的识别、测试、选用（50 分）

请根据表 7-7 元器件清单表，清点元器件的数量并检查其好坏，正常的元器件在表格"清点结果"栏填上"√"。（20 分）

表 7-7 元器件清单表

序号	名称	型号规格	位置	数量/个	清点结果
1	贴片电阻	1 kΩ	R_5，R_{60}	2	
2	贴片电容	1nF	C_{60}	1	

续表

序号	名称	型号规格	位置	数量/个	清点结果
3	贴片三极管	9014（J_6）	V_{60}	1	
4	贴片集成块	LM339	U_1	1	
5	瓷片电容	0.1 μF	C_2,C_5	2	
6	电解电容	10 μF	C_3,C_4	2	
7	电解电容	100 μF	C_1	1	
8	直插二极管	1N4007	VD_1,VD_2	2	
9	LED	红色	VD_3,VD_4,D5,D8,VD_{11},VD_{14}	6	
10	LED	绿色	VD_6,VD_{10},VD_{13}	3	
11	LED	黄色	VD_7,VD_9,VD_{12}	3	
12	金属膜电阻	1 kΩ	R_7,R_8,R_9,R_{10},R_{11},R_{12},R_{13},R_{14},R_{15},R_{16}	10	
13	金属膜电阻	2.2 kΩ	R_3	1	
14	金属膜电阻	4.7 kΩ	R_1,R_2	2	
15	金属膜电阻	10 kΩ	R_4,R_6	2	
16	精密电位器	50 kΩ	R_{P1}	1	
17	三端稳压器	LM7805	U_1	1	
18	蜂鸣器	D3.5	B_1	1	
19	集成 IC	NE555	U_2	1	
20	集成 IC	CD4017	U_3	1	
21	IC 管座	DIP-8	U_2	1	
22	IC 管座	DIP-16	U_2	1	
23	三极管	9014	V_1	1	
24	排针	单排针	TP_1,TP_2,GND,P_1	5	
25	印制电路板	配套	—	1	
合计				53	

用万用表测试常用电子元器件并判断其好坏,损坏的元件举手调换。(30分)

二、简易电子产品电路的安装(65分)

根据电路原理图,按照工艺要求完成简易电子产品电路的安装。

焊接工艺要求:

PCB上各元器件焊点大小适中,无漏焊、虚焊、假焊、连焊、堆焊,焊点光滑、圆润、干净、无毛刺、无针孔。

装配工艺要求:

PCB上元器件不漏装、错装,不损坏元器件,元器件极性安装正确,接插件安装可靠牢固,集成块需安装底座,整机清洁无污物、无烫伤、划伤,元器件标识符方向符合工艺要求,元器件引脚修剪符合工艺要求。

三、简易电子产品电路的通电测试(110分)

正确使用常用仪器仪表对电路的功能及参数进行测量,并记录相关数据和波形。

1.常用仪器仪表使用(40分)

①检查无误,经监考老师同意后,将直流稳压电源的输出电压调整为+10.0 V(±0.1 V)接入电路板。(10分)

②用万用表测试 P_1 电源端电压,填入下表。(20分)

测试点	P_1
电压/V	

③检查示波器,填写下表。(10分)

型号	
是否正常	

2.通电电路调试(30分)

①通电后,观察到 VD_4 的现象是_____。(10分)

②通电后,观察到 $VD_5 \sim VD_{14}$ 的现象是_____。(10分)

③将 R_{P1} 调至最大,观察到 $VD_5 \sim VD_{14}$ 的现象是_____。(10分)

3.通电电路测试(40分)

①用万用表测试 U_1 芯片引脚电位,填入下表。(10分)

(1)脚	(3)脚

②电路通电后,调整 R_{P1} 至中间处(输出频率为 3 Hz),测试 TP_2 点的波形,记录参数并画出波形。(20 分)

波形及数据记录如下:

波形(TP_2)(8 分)	周期(3 分)	X 轴量程挡位(3 分)
	峰峰值(3 分)	Y 轴量程挡位(3 分)

四、职业素养与安全文明操作(共 25 分)

举止文明、遵守秩序、爱惜设备、规范操作、摆放整齐、台面清洁等。

知识扩展

1.电路中 U_3 元件的 CLK 引脚是什么作用?

2.电路中电阻 R_6 的作用是什么?

3.电路中电位器 R_{p1} 的作用是什么?

4.电路中电容 C_4 的作用是什么?

5.电路中三极管 V_1 的作用是什么?

试题八　四位密码锁试题卷

（本试卷满分 250 分；准备时间 10 分钟，考试时间 80 分钟，共 90 分钟）

【任务说明】

图 7-8 为"四位密码锁"的电路原理图。开关 $S_1 \sim S_4$ 作为加密开关，可以分别输入任意高低电平，$S_5 \sim S_8$ 作为解密开关，只有置于与 $S_1 \sim S_4$ 相反电平的值时，总输出才为高电平，LY 才能被点亮，从而实现密码开启功能。

请根据提供的器材及元器件清单进行焊接与测试，实现该电路的基本功能，满足相应的技术指标，并完成技能要求中相关的内容。

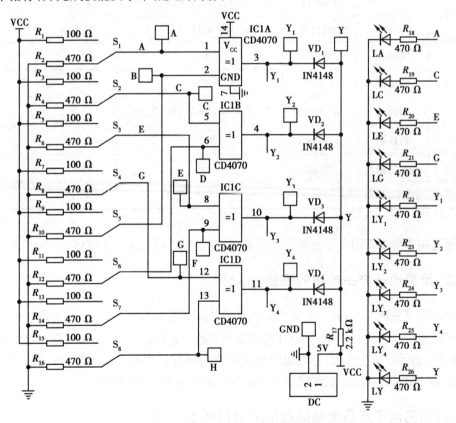

图 7-8　"四位密码锁"电路原理图

一、常用电子元器件的识别、测试、选用（50 分）

根据表 7-8 元器件清单表,清点元器件的数量并检查其好坏,正常的元器件在表格"清点结果"栏填上"√"。（20 分）

表 7-8　元器件清单表

序号	元器件种类	参数或名称	元器件序号	数量/个	清点结果
1	电阻器	100 Ω	$R_1,R_3,R_5,R_7,R_9,R_{11},R_{13},R_{15}$	8	
		2.2 kΩ	R_{17}	1	
		470 Ω	$R_2,R_4,R_6,R_8,R_{10},R_{12},R_{14},R_{16},R_{18}\sim R_{26}$	17	
2	二极管	1N4148	VD_1,VD_2,VD_3,VD_4	4	
		LED(红色)	LA,LC,LE,LG,LY$\sim$LY$_4$	9	
3	集成 IC	CD4070	IC1	1	
4	IC 插座	DIP14	IC1	1	
5	排针	40P 单排针	A$\sim$H,GND,Y$\sim$Y$_4$,DC,S$_1\sim$S$_8$	1	
6	短路帽	2.54 mm	$S_1\sim S_8$	8	
7	印制电路板	配套	—	1	
合　计				51	

用万用表测试常用电子元器件并判断其好坏,损坏的元件举手调换。（30 分）

二、简易电子产品电路的安装（65 分）

根据电路原理图,按照工艺要求完成电子产品电路的安装,电路中的电路中 $S_1\sim S_8$ 为各指示灯提供启用控制功能,被设计为电路板上的短路焊盘,焊盘没有填充焊锡时相当于开关断开,指示灯不起作用,用焊锡把相应焊盘短路即启用相应指示灯,该功能可以用于检测逻辑判断是否正确。装配完毕后要求把所有焊盘均短路焊接好。

三、简易电子产品电路的通电测试（110 分）

正确使用常用仪器仪表对电路的功能及参数进行测量,并记录相关数据和波形。

1.常用仪器仪表使用（40 分）

①检查无误,经监考老师同意后,将直流稳压电源的输出电压调整为+5.0 V（±0.1 V）

接入电路板。(10分)

②用万用表测试 DC 电源端电压,填入下表。(20分)

测试点	DC
电压/V	

③检查示波器,填写下表。(10分)

型号	
是否正常	

2.通电电路调试(30分)

用套件提供的短路帽控制 $S_1 \sim S_8$,使其输入适合的电平,最终使输出 Y 为高电平,解锁成功,LY 灯被点亮。

3.通电电路测试(40分)

①LY 灯被点亮状态,用万用表测试以下各点电位,填入下表。(20分)

测试点	A	E	F	Y_3	Y
电压					

②波形测量(20分)

断开 S_4,从输入端 G 输入峰峰值为 8 V_{PP} 的 1 kHz 方波信号,利用示波器测试 Y_4 点的波形。要求:示波器电压/格调节至 1 V,时间/格调节至 200 μs。

Y_4 点的波形(10分)	波形参数值(10分)	
	V_{pp}(峰峰值)	P_{rd}(周期)

4.职业素养与安全文明操作(25分)

举止文明、遵守秩序、爱惜设备、规范操作、摆放整齐、台面清洁等。

知识扩展

1.集成 IC_1 有 4 个相同的逻辑电路,分别实验其输入输出关系,并回答它在电路中的逻辑功能是什么?

2.电路中 $VD_1 \sim VD_4$ 及 R_{17} 组成的电路实现什么逻辑功能?

试题九 十进制计数器试题卷

（本试卷满分 250 分；准备时间 10 分钟，考试时间 80 分钟，共 90 分钟）

【任务说明】

图 7-9 为"十进制计数器"的电路原理图。当按下开始按键 S_1 计数器清零，数码管将显示 0，松开后计数器计数，数码管逐渐加 1 直至 9，然后再从 0~9 循环。

请根据提供的器材及元器件清单进行焊接与测试，实现该电路的基本功能，满足相应的技术指标，并完成技能要求中相关的内容。

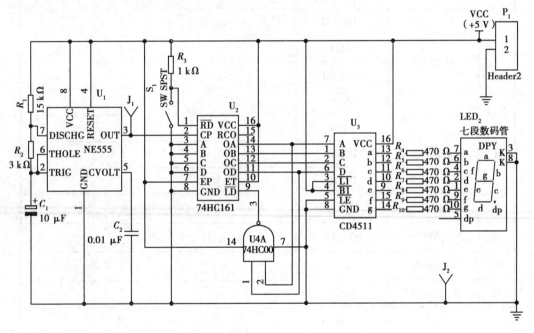

图 7-9 "十进制计数器"电路原理图

一、元器件清单

元器件清单见表 7-9。

表 7-9 元器件清单

序号	元器件种类	参数或名称	元器件序号	数量/个	清点结果
1	贴片电阻	470 Ω	$R, R_4, R_5, R_6, R_7, R_8, R_9, R_{10}$	8	

续表

序号	元器件种类	参数或名称	元器件序号	数量/个	清点结果
2	贴片电容	1 nF	C	1	
3	贴片三极管	9014(J6)	Q	1	
4	贴片 IC	LM358	U	1	
5	电阻器	15 kΩ	R_1	1	
		68 kΩ	R_2	1	
		1 kΩ	R_3	1	
6	电容器	10 μF(电解)	C_1	1	
		0.01 μF(瓷片)	C_2	1	
7	集成电路	74HC161	U_2	1	
		CD4511	U_3	1	
		74HC00	U_4	1	
		NE555	U_1	1	
8	集成电路插座	DIP8	U_1	1	
		DIP14	U_4	1	
		DIP16	U_2、U_3	2	
9	数码管	数码管	VD_1	1	
10	排针	单排针	J_1、J_2、J_3	4	
11	按钮开关	6×6	S_1	1	
12	印制电路板	配套	—	1	
合　计				31	

二、技能要求

1.常用电子元器件的判别,选用、测试(50分)

根据表 7-9 元器件清单表,清点元器件的数量并检查好坏,正常的在表格"清点结果"栏填上"√"。

2.简易电子产品电路的安装(65分)

根据电路原理图,按照工艺要求完成电子产品电路的安装。

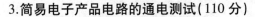

3.简易电子产品电路的通电测试（110分）

正确使用常用仪器仪表对电路的功能及参数进行测量，并记录相关数据和波形。

（1）仪器仪表的使用（40分）

正确调试直流稳压电源使输出为电路规定电压值，按照电路要求将电源电压接入电路；使用万用表，示波器等设备对电路进行相关测试等。

（2）电路参数测试（70分）

电子产品通电运行正常，使用给定的仪器仪表对电路进行测量，并把测量的结果填在答题卡的学生答题区中。

①电压测试（30分）：

测试点	U_2 芯片（5）脚	U_3 芯片（4）脚
电压/V		

②波形测量（40分）：

利用示波器测插针 J_1、J_2 之间的波形。手动调节示波器使输入通道耦合为直流，水平坐标为 500 ms/格，纵向坐标为 1 V/格；观察波形，绘制波形示意图，并测试信号周期值和峰峰值。

J_1，J_2 端口的波形（20分）	波形参数值（20分）	
	V_{pp}（峰峰值）	P_{rd}（周期）

4.职业素养与安全文明操作（25分）

举止文明、遵守秩序、爱惜设备、规范操作、摆放整齐、台面清洁等。

试题十　呼吸控制器试题卷

（本试卷满分 250 分；准备时间 10 分钟，考试时间 80 分钟，共 90 分钟）

【任务说明】

图 7-10 为"呼吸控制器"电子产品的电路原理图，请根据提供的器材及元器件清单进行组装与测试，实现该产品的基本功能，满足相应的技术指标，并完成试卷中相关内容。

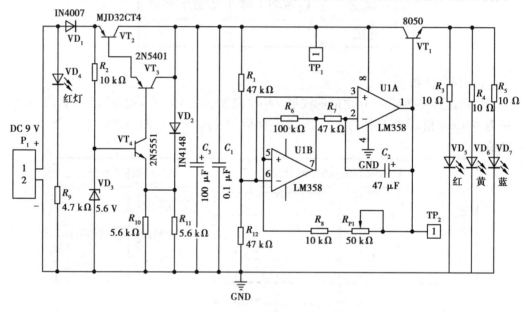

图 7-10　"呼吸控制器"电路原理图

一、常用电子元器件的识别、测试、选用（50 分）

①根据表 7-10 元件清单表，清点元器件的数量并检查好坏，正常的在表格"清点结果"栏填上"√"。（20 分）

表 7-10　元器件清单表

序号	名称	型号规格	位置	数量/个	清点结果
1	贴片电阻	47 kΩ	R_1，R_7，R_{12}	3	
2	贴片电阻	10 kΩ	R_2，R_8，R_{60}	3	

续表

序号	名称	型号规格	位置	数量/个	清点结果
3	贴片电容	1 nF	C_{60}	1	
4	贴片三极管	9014(J6)	V_{60}	1	
5	贴片集成块	LM358	U	1	
6	贴片三极管	MJD32CT4	VT_2	1	
7	瓷片电容	0.1 μF	C_1	1	
8	直插二极管	1N4007	VD_1	1	
9	直插二极管	1N4148	VD_2	1	
10	稳压二极管	5V6(4734)	VD_3	1	
11	发光二极管	LED(红)	VD_4, VD_5	2	
12	发光二极管	LED(黄)	VD_6	1	
13	发光二极管	LED(蓝)	VD_7	1	
14	电解电容	47 μF	C_2	1	
15	电解电容	100 μF	C_3	1	
16	金属膜电阻	10 Ω	R_3, R_4, R_5	3	
17	金属膜电阻	100 kΩ	R_6	1	
18	金属膜电阻	4.7 kΩ	R_9	1	
19	金属膜电阻	5.6 kΩ	R_{10}, R_{11}	2	
20	精密电位器	50 kΩ	R_{P1}	1	
21	集成 IC	LM358	U_1	1	
22	IC 管座	DIP-8	U_1	1	
23	直插三极管	8050	VT_1	1	
24	直插三极管	2N5401	VT_3	1	

续表

序号	名称	型号规格	位置	数量/个	清点结果
25	直插三极管	2N5551	VT_4	1	
26	排针	单排针	TP_1,TP_2,GND	3	
27	接线端	KF301-2P	P_1	1	
28	印制电路板	配套	—	1	
	合计			38	

②元器件识别、检测,并将检测结果填入表7-11。(30分,每小题5分)

表7-11 元器件识别、检测

序号	名 称	识别及检测内容	得分
1	VD_2	正向压降:	
2	VD_3	正向压降:	
3	VD_5	导通压降:	
4	VD_6	导通压降:	
5	三极管 VT_3	管型:	

二、简易电子产品电路的安装(65分)

根据电路原理图,按照工艺要求完成简易电子产品电路的安装。

焊接工艺要求:

PCB上各元器件焊点大小适中,无漏焊、虚焊、假焊、连焊、堆焊,焊点光滑、圆润、干净、无毛刺、无针孔。

装配工艺要求:

PCB上元器件不漏装、错装,不损坏元器件,元器件极性安装正确,接插件安装可靠牢固,集成块需安装底座,整机清洁无污物、无烫伤、划伤,元器件标识符方向符合工艺要求,元器件引脚修剪符合工艺要求。

三、简易电子产品电路的通电测试(110分)

正确使用常用仪器仪表对电路的功能及参数进行测量,并记录相关数据和波形。

1.常用仪器仪表使用(40分)

①检查无误,经监考老师同意后,将直流稳压电源的输出电压调整为 DC 9.0 V±0.1 V 接入电路板。(10分)

②用万用表测试 P_1 电源端电压,填入下表。(20分)

测试点	P_1
电压/V	

③检查示波器,填写下表。(10分)

型号	
是否正常	

2.通电电路调试(30分)

①通电后,观察到 VD_5、VD_6、VD_7 的现象是_____。(10分)

②调节 R_{P1},观察到的现象是_____。(5分)

③通电后,测试以下电压值并计入下表。(15分)

测试点	VT_4 基极	TP_1	$U_1(6)$脚
电压			

3.通电电路测试(40分)

调节 R_{P1} 至 TP_2 点的波形频率约为 600 mHz,将 TP_2 波形及参数填入下列表中。

波形(TP_2)(20分)	X 轴量程挡位(5分)	频率(5分)
	Y 轴量程挡位(5分)	峰峰值(5分)

四、职业素养与安全文明操作(共 25 分)

举止文明、遵守秩序、爱惜设备、规范操作、摆放整齐、台面清洁等。

知识扩展

1.流过二极管 VD_4 的电流为多少?

2.电路中 VT_1 的作用是什么?

3.VT_2 和 VT_3 起什么作用?

4.电路中 R_3、R_4、R_5 起什么作用?

5.为什么 VD_5 先亮,VD_7 后亮?

试题十一　模拟电子色子试题卷

（本试卷满分 250 分；准备时间 10 分钟,考试时间 80 分钟,共 90 分钟）

【任务说明】

图 7-11 电路主要由 EN555 及外围元件构成脉冲产生器和 CD4017 计数器组成。玩家通过按下 S_1 来模拟"色子",由 7 只发光二极管来指示获得点数,和实物骰子一样,可指示 1~6 的点数。

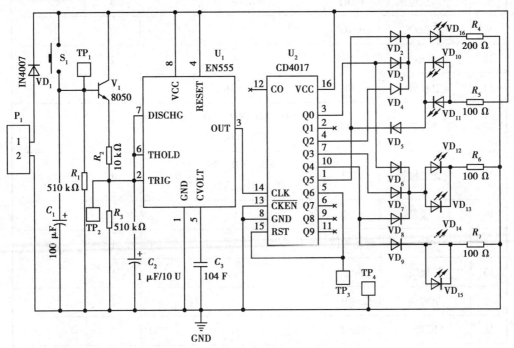

图 7-11　"模拟电子色子"电路原理图

一、常用电子元器件的识别、测试、选用(50 分)

根据表 7-12 元件清单表,清点元器件的数量并检查好坏,正常的在表格"清点结果"栏填上"√"。(20 分)

表 7-12　元器件清单

序号	名称	型号规格	位置	数量/个	清点结果
1	SMT 三极管	9014(J6)	Q	1	

287

续表

序号	名称	型号规格	位置	数量/个	清点结果
2	SMT 电阻	10 kΩ	R	1	
3	SMT 电容	1 nF	C	1	
4	SMT 集成块	LM358	U	1	
5	贴片电阻	10 kΩ	R_2	1	
6	金属膜电阻	510 kΩ	R_1、R_3	2	
7	金属膜电阻	200Ω	R_4	1	
8	金属膜电阻	100Ω	R_5, R_6, R_7	3	
9	电解电容	10 μF	C_1、C_2	2	
10	瓷片电容	0.1 μF	C_3	1	
11	二极管	1N4007	VD_1	1	
12	二极管	1N4148	VD_2, VD_3, VD_4, VD_5, VD_6, VD_7, VD_8, VD_9	8	
13	发光二极管	LED	VD_{10}, VD_{11}, VD_{12}, VD_{13}, VD_{14}, VD_{15}, VD_{16}	7	
14	三极管	8050	V_1	1	
15	按钮	微动按钮	S_1	1	
16	集成块	NE555	U_1	1	
17	集成块	CD4017	U_2	1	
18	IC 座	DIP-8	U_1	1	
19	IC 座	DIP-16	U_2	1	
20	排针	单排针	P_1	2	
21	排针	单排针	TP_1, TP_2, TP_3, TP_4	4	
22	印制电路板	配套	—	1	
合计				43	

用万用表测试元器件并判断其好坏,损坏的元件举手调换。(30 分)

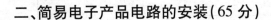

二、简易电子产品电路的安装(65分)

根据电路原理图,按照工艺要求完成简易电子产品电路的安装。

焊接工艺要求:

PCB上各元器件焊点大小适中,无漏焊、虚焊、假焊、连焊、堆焊,焊点光滑、圆润、干净、无毛刺、无针孔。

装配工艺要求:

PCB上元器件不漏装、错装,不损坏元器件,元器件极性安装正确,接插件安装可靠牢固,集成块需安装底座,整机清洁无污物、无烫伤、划伤,元器件标识符方向符合工艺要求,元器件引脚修剪符合工艺要求。

三、简易电子产品电路的通电测试(110分)

装接完毕,检查无误后,正确使用工位上提供的仪器仪表对电路的功能及参数进行测量,并记录相关数据和波形,如有故障应先进行排除故障后再通电。

1.常用仪器仪表使用(40分)

①检查示波器,填写下表。(20分)

型号	
是否正常	

②检查无误后,将直流稳压电源输出 DC 5 V±0.1 V 后连接到电路板。(20分)

2.通电电路调试(30分)

①按下 S_1 不放,观察发光二极管的现象是_____;松开 S_1 后观察发光二极管的现象是_____。(20分)

②用万用表测试以下各点电位,填入下表。(10分)

测试点	TP_1(按下 S_1)	TP_4
电位		

3.通电电路测试(40分)

按住 S_1 不放,用示波器测量 TP_2 的波形,并记入下表。(画波形20分,参数20分)

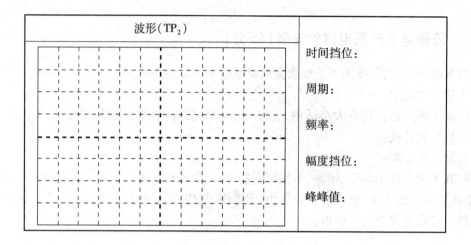

四、职业素养与安全文明操作(共 25 分)

举止文明、遵守秩序、爱惜设备、规范操作、摆放整齐、台面清洁等。

试题十二　触发器应用试题卷

（本试卷满分 250 分;准备时间 10 分钟,考试时间 80 分钟,共 90 分钟）

【任务说明】

图 7-12 为"触发器应用"电路原理图,请根据提供的器材及元器件清单进行组装与测试,实现产品的基本功能,满足相应的技术指标,并完成试卷中相关内容。

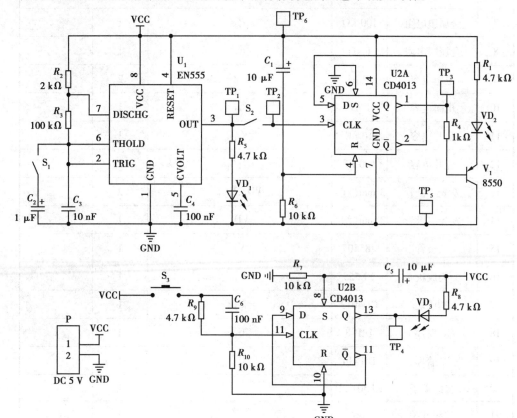

图 7-12　"触发器应用"电路原理图

一、常用电子元器件的识别、测试、选用（50 分）

1.根据表 7-13 元件清单表,清点元器件的数量并检查好坏,正常的在表格"清点结果"栏填上"√"。（20 分）

表 7-13　元器件清单

序号	名称	型号规格	位置	数量/个	清点结果
1	贴片电容	1 nF	C	1	
2	贴片三极管	9014(J_6)	V	1	
3	贴片集成块	LM358	U	1	
4	贴片电阻	10 kΩ	R、R_6,R_7,R_{10}	4	
5	金属膜电阻	4.7 kΩ	R_1,R_5,R_8,R_9	4	
6	金属膜电阻	2 kΩ	R_2	1	
7	金属膜电阻	100 kΩ	R_3	1	
8	金属膜电阻	1 kΩ	R_4	1	
9	电解电容	10 μF	C_1,C_5	2	
10	电解电容	1 μF	C_2	1	
11	瓷片电容	10 nF	C_3	1	
12	瓷片电容	100 nF	C_4,C_6	2	
13	发光二极管	3 mm(红)	VD_1,VD_3	2	
14	发光二极管	3 mm(绿)	VD_2	1	
15	三极管	8550	V_1	1	
16	集成块	NE555	U_1	1	
17	集成块	CD4013	U_2	1	
18	IC 管座	DIP-8	U_1	1	
19	IC 管座	DIP-14	U_2	1	
20	接线端子	KF301-2P	P	1	
21	按钮开关	6×6	S_3	1	
22	单排针	2.54 mm	S_1,S_2	2	
23	单排针	2.54 mm	TP_1,TP_2,TP_3,TP_4,TP_5,TP_6	6	
24	短路帽	2.54 mm	S_1、S_2	2	
25	印制电路板	配套	—	1	
	合计			41	

2.元器件识别、检测,并将检测结果填入表7-14。(30分,每空5分)

表7-14 元器件识别、检测

序号	名称	识别及检测内容		得分
1	电阻器 R_3	标称值:	测量值:	
2	电容器 C_2	容量:	耐压:	
3	发光二极管 VD_1	导通电压:		
4	RJ-0.25-470 kΩ±1%	色环:		

用万用表测试元器件并判断其好坏,损坏的元件举手调换。(10分)

二、简易电子产品电路的安装(65分)

根据电路原理图,按照工艺要求完成简易电子产品电路的安装。

焊接工艺要求:

PCB上各元器件焊点大小适中,无漏焊、虚焊、假焊、连焊、堆焊,焊点光滑、圆润、干净、无毛刺、无针孔。

装配工艺要求:

PCB上元器件不漏装、错装,不损坏元器件,元器件极性安装正确,接插件安装可靠牢固,集成块需安装底座,整机清洁无污物、无烫伤、划伤,元器件标识符方向符合工艺要求,元器件引脚修剪符合工艺要求。

三、简易电子产品电路的通电测试(110分)

装接完毕检查无误后,将稳压电源的输出电压调整为 5.0 V±0.1 V。加电前向监考老师举手示意,经监考老师检查同意后,方可对电路单元进行通电测试。

1.将稳压电源的输出电压调整为 5.0 V±0.1 V,接入电路后测量如下值:(10分)

测试点	U_1(8)引脚	U_2(14引脚)
电压		

2.将 S_1 闭合(插上短路帽),观察发光二极管 VD_1 的状态是_____(长亮、长暗、闪烁),用示波器测出 TP_1 点信号的频率为_____ Hz。(20分)

3.将 S_1、S_2 闭合(插上短路帽),观察发光二极管 VD_2 的状态是_____(长亮、长暗、闪烁),用示波器测出 TP_3 点信号的频率为_____ Hz。(20分)

4.将 S_1 断开(拔掉短路帽)、S_2 闭合(插上短路帽),用示波器观察 TP_3 点的波形,根

据下表的要求将相关波形和参数填入表中。（30 分）

波形（TP₃）（14 分）	频率（4 分）	X 轴量程挡位（4 分）
	峰峰值（4 分）	Y 轴量程挡位（4 分）

5.将 S_1、S_2 断开（拔掉短路帽），用函数信号发生器从 TP₂ 送入频率为 20 Hz、幅值为 8 V 的方波信号，观察发光二极管 VD_2 的状态为＿＿＿＿（长亮、闪烁、长暗），再用示波器观察 TP₃ 的输出波形，输出波形的频率为＿＿＿＿ Hz。（20 分）

6.多次按轻触按钮开关 S_3，观察发光二极管 VD_3 的变化规律是＿＿＿＿。（10 分）

四、安全文明操作要求（25 分）

①严禁带电操作（不包括通电测试），保证人身安全。
②工具摆放有序，不乱扔元器件、引脚、测试线。
③使用仪器，应选用合适的量程，防止损坏。
④放置电烙铁等工具时要规范，避免损坏仪器设备和操作台。

试题十三　光控报警器试题卷

（本试卷满分 250 分；准备时间 10 分钟，考试时间 80 分钟，共 90 分钟）

【任务说明】

图 7-13 为"光控报警器"电子产品的原理图，请根据提供的器材及元器件清单进行组装与测试，实现该产品的基本功能，满足相应的技术指标，并完成技能要求中相关的内容。

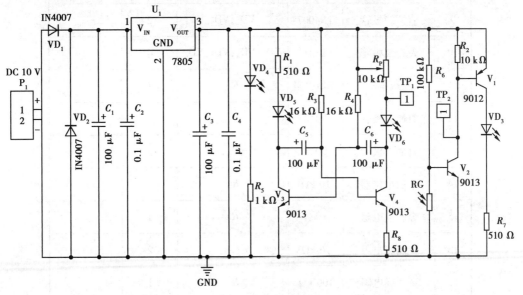

图 7-13　"光控报警器"原理图

一、常用电子元器件的识别、测试、选用（50 分）

根据表 7-15 元器件清单表，清点元器件的数量并检查好坏，正常的在表格"清点结果"栏填上"√"。（20 分）

表 7-15　元器件清单

序号	名称	型号规格	位置	数量/个	清点结果
1	贴片电阻	510 Ω	R_1, R_7, R_8	3	
2	贴片电阻	10 kΩ	R_2, R_{60}	2	
3	贴片电容	1 nF	C_{60}	1	

续表

序号	名称	型号规格	位置	数量/个	清点结果
4	贴片三极管	9014(J6)	V	1	
5	贴片集成块	LM358	U	1	
6	贴片三端稳压	78M05	U_1	1	
7	电解电容	100 μF	C_1,C_3,C_5,C_6	4	
8	瓷片电容	0.1 μF	C_2,C_4	2	
9	直插二极管	1N4007	VD_1,VD_2	2	
10	发光二极管	LED	VD_3,VD_4,VD_5,VD_6	4	
11	光敏电阻	光敏电阻	R_G	1	
12	直插三极管	9012	V_1	1	
13	直插三极管	9013	V_2,V_3,V_4	3	
14	蓝白电位器	10 kΩ	R_P	1	
15	金属膜电阻	1 kΩ	R_5	1	
16	金属膜电阻	16 kΩ	R_3,R_4	2	
17	金属膜电阻	100 kΩ	R_6	1	
18	排针	单排针	TP_1,TP_2,GND,P_1	5	
19	印制电路板	配套	—	1	
	合计			37	

二、简易电子产品电路的安装(65 分)

根据电路原理图,按照工艺要求完成简易电子产品电路的安装。

焊接工艺要求:

PCB 上各元器件焊点大小适中,无漏焊、虚焊、假焊、连焊、堆焊,焊点光滑、圆润、干净、无毛刺、无针孔。

装配工艺要求:

PCB 上元器件不漏装、错装,不损坏元器件,元器件极性安装正确,接插件安装可靠牢固,集成块需安装底座,整机清洁无污物、无烫伤、划伤,元器件标识符方向符合工艺要求,元器件引脚修剪符合工艺要求。

三、简易电子产品电路的通电测试(110 分)

正确使用常用仪器仪表对电路的功能及参数进行测量,并记录相关数据和波形。

1.常用仪器仪表使用(40 分)

①检查无误,经监考老师同意后,将直流稳压电源的输出电压调整为 DC + 10.0 V(± 0.1 V)接入电路板。(10 分)

②用万用表测试 U_1 引脚电位,填入下表。(20 分)

测试点	1 脚	3 脚
电压/V		

③检查示波器,填写下表。(10 分)

型号	
是否正常	

2.通电电路调试(30 分)

①通电后,观察到 VD_4 的现象是_____。(10 分)

②通电后,观察到 VD_5、VD_6 的现象是_____。(10 分)

③光敏电阻 R_G 无光照射时,观察到的现象是_____。(10 分)

3.通电电路测试(40 分)

①用万用表测试下列参数。(18 分)

TP$_2$		V_2(R_G 光照)			
R_G 受光	R_G 遮光	V_b	V_c	V_e	工作状态

②接通电路后,调节电阻器 R_p,使占空比约为 50%,观察并测量 TP$_1$ 的波形参数,并绘制波形示意图。(22 分)

波形及数据记录如下:

波形(14分)	波形峰峰值(2分)	波形的频率(2分)
	Y 轴量程挡位(2分)	X 轴量程挡位(2分)

四、职业素养与安全文明操作(共25分)

举止文明、遵守秩序、爱惜设备、规范操作、摆放整齐、台面清洁等。

知识扩展

1.电容器 C_3 在电路中起什么作用?

2.电阻器 R_p 在电路中起什么作用?

3.R_G 受光照时,判别 V_1 的工作状态?

4.电路中哪些元器件构成振荡电路?

5.R_G 受光与遮光时 VD_3 的状态是什么?

试题十四 串稳-多谐振荡器试题卷

（本试卷满分250分；准备时间10分钟，考试时间80分钟，共90分钟）

【任务说明】

图7-14由串联可调直流稳压电路和多谐振荡电路构成，请正确选择元器件进行组装调试，完成任务要求。

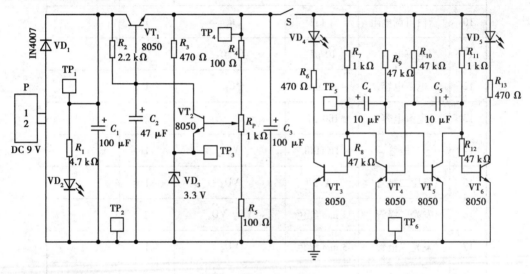

图 7-14 电路原理图

一、常用电子元器件的识别、测试、选用（50分）

根据表7-16元器件清单表，清点元器件的数量并检查好坏，正常的在表格"清点结果"栏填上"√"。（20分）

表 7-16 元器件清单

序号	名称	型号规格	位置	数量/个	清点结果
1	贴片电容	1 nF	C	1	
2	贴片三极管	9014(J6)	V	1	
3	贴片 IC	LM358	U	1	
4	贴片电阻	1 kΩ	R、R_7、R_{11}	3	

续表

序号	名称	型号规格	位置	数量/个	清点结果
5	金属膜电阻器	100 Ω	R_4、R_5	2	
6	金属膜电阻器	470 Ω	R_3、R_6、R_{13}	3	
7	金属膜电阻器	2.2 kΩ	R_2	1	
8	金属膜电阻器	4.7 kΩ	R_1	1	
9	金属膜电阻器	47 kΩ	R_8、R_9、R_{10}、R_{12}	4	
10	蓝白可调电阻	1 kΩ	R_p	1	
11	电解电容	10 μF	C_4、C_5	2	
12	电解电容	47 μF	C_2	1	
13	电解电容	100 μF	C_1、C_3	2	
14	二极管	1N4148	VD_1	1	
15	稳压二极管	3V3	VD_3	1	
16	发光二级管	3 mm 红色	VD_2、VD_4	2	
17	发光二级管	3 mm 绿色	VD_5	1	
18	三极管	9014	$VT_1 \sim VT_6$	6	
19	排针	单排针	$TP_1 \sim TP_6$、S、P	10	
20	短路帽	2.54 mm	—	1	
21	印制电路板	配套	—	1	
合计				46	

用万用表测试常用电子元器件并判断其好坏,损坏的元件举手调换。(30 分)

二、简易电子产品电路的安装(65 分)

根据电路原理图,按照工艺要求完成简易电子产品电路的安装。

焊接工艺要求:

PCB 上各元器件焊点大小适中,无漏焊、虚焊、假焊、连焊、堆焊,焊点光滑、圆润、干净、无毛刺、无针孔。

装配工艺要求：

PCB 上元器件不漏装、错装，不损坏元器件，元器件极性安装正确，接插件安装可靠牢固，集成块需安装底座，整机清洁无污物、无烫伤、划伤，元器件标识符方向符合工艺要求，元器件引脚修剪符合工艺要求。

三、简易电子产品电路的通电测试(110 分)

正确使用常用仪器仪表对电路的功能及参数进行测量，并记录相关数据和波形。

1.常用仪器仪表使用(40 分)

①检查无误后，将实训台稳压电源的输出电压按照要求调整，接通电源，VD_2 发光。(10 分)

②利用万用表测试电位，填入下表。(20 分)

测试点	TP_1
电位/V	

③检查示波器，填写下表。(10 分)

型号	
是否正常	

2.通电电路调试(30 分)

①断开 S，调节 R_p，使 TP_4 电位为 5.0 V。(10 分)

② 测试以下各点电位。(15 分)

测试点	TP_2	TP_3	TP_4
电位			

③闭合 S，观察到的现象是＿＿＿＿＿＿＿＿＿＿＿＿＿＿＿＿＿＿。(5 分)

3.通电电路测试(40 分)

用示波器测试 TP_5 的波形参数并绘制波形示意图。

波形及数据记录如下：

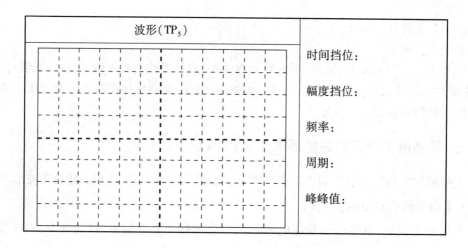

波形（TP₅）	
	时间挡位：
	幅度挡位：
	频率：
	周期：
	峰峰值：

四、职业素养与安全文明操作（共 25 分）

举止文明、遵守秩序、爱惜设备、规范操作、摆放整齐、台面清洁等。

试题十五 计数译码器试题卷

（本试卷满分 250 分；准备时间 10 分钟，考试时间 80 分钟，共 90 分钟）

【任务说明】

图 7-15 为"计数译码显示器"的电路原理图。请根据提供的器材及元器件清单进行焊接与测试，实现该电路的基本功能，满足相应的技术指标，并完成技能要求中相关的内容。

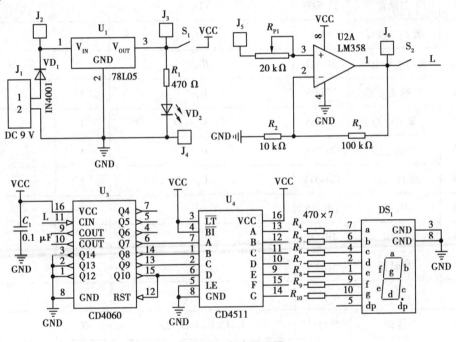

图 7-15 电路原理图

一、常用电子元器件的识别、测试、选用（50 分）

根据表 7-17 元器件清单表，清点元器件的数量并检查好坏，正常的在表格"清点结果"栏填上"√"。（20 分）

表 7-17 元器件清单

序号	名称	型号规格	位置	数量/个	清点结果
1	SMT 三极管	9014(J6)	V	1	

续表

序号	名称	型号规格	位置	数量/个	清点结果
2	SMT 电容	1 nF	C	1	
3	SMT 集成块	LM358	U	1	
4	SMT 电阻	470Ω	$R,R_1,R_4,R_5,R_6,R_7,R_8,R_9,R_{10}$	9	
5	金属膜电阻	10 kΩ	R_2	1	
6	金属膜电阻	100 kΩ	R_3	1	
7	瓷片电容	0.1 μF	C_1	1	
8	二极管	1N4007	VD_1	1	
9	发光二极管	LED	VD_2	1	
10	蓝白可调电阻	20 kΩ	R_{P1}	1	
11	三端稳压器	78L05	U_1	1	
12	集成电路	LM358	U_2	1	
13	集成电路	CD4060	U_3	1	
14	集成电路	CD4511	U_4	1	
15	IC 座	DIP-16	U_3,U_4	2	
16	IC 座	DIP-8	U_2	1	
17	数码管	5161A	DS_1	1	
18	排针	单排针	S_1,S_2	4	
19	排针	单排针	J_1,J_2,J_3,J_4,J_5,J_6	7	
20	短路帽	2.54 mm	—	2	
21	印制电路板	配套		1	
合计				40	

用万用表测试元器件并判断其好坏,损坏的元件举手调换。(30 分)

二、简易电子产品电路的安装(65 分)

根据电路原理图,按照工艺要求完成简易电子产品电路的安装。

焊接工艺要求:

PCB 上各元器件焊点大小适中、无漏焊、虚焊、假焊、连焊、堆焊、焊点光滑、圆润、干净、无毛刺、无针孔。

装配工艺要求：

PCB 上元器件不漏装、错装，不损坏元器件，元器件极性安装正确，接插件安装可靠牢固，集成块需安装底座，整机清洁无污物、无烫伤、划伤，元器件标识符方向符合工艺要求，元器件引脚修剪符合工艺要求。

三、简易电子产品电路的通电测试（110 分）

装接完毕，检查无误后，正确使用工位上提供的仪器仪表对电路的功能及参数进行测量，并记录相关数据和波形，如有故障应进行排除再通电。

1.常用仪器仪表使用（40 分）

①检查示波器，填写下表。（10 分）

型号	
是否正常	

②检查无误后，将直流稳压电源输出 DC 9 V（±0.1 V）后连接到电路板，VD_2 发光。（20 分）

③检查函数信号发生器，填写下表。（10 分）

型号	
是否正常	

2.通电电路调试（30 分）

①S_1 插上短路帽，观察到数码管的现象是_____。（10 分）

②S_1、S_2 都插上短路帽，观察到数码管的现象是_____。（10 分）

③用万用表测试以下各点电位，填入下表。（10 分）

测试点	J_2	J_3
电位/V		

3.通电电路测试（40 分）

用函数信号发生器输出 100 Hz、200 mV_{PP} 的方波信号，接入电路板 J_5，利用示波器测量 J_6 的波形，调节示波器使输入通道耦合为直流，水平坐标为 5 ms/格，纵向坐标为 1 V/格，观察波形，绘制波形示意图，并记录测试信号的参数。

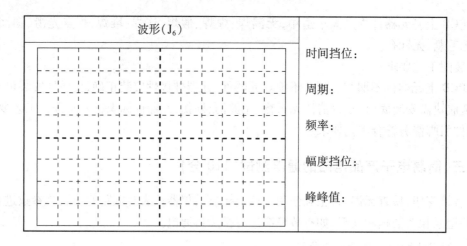

波形(J_6)	
	时间挡位： 周期： 频率： 幅度挡位： 峰峰值：

四、职业素养与安全文明操作（共 25 分）

举止文明、遵守秩序、爱惜设备、规范操作、摆放整齐、台面清洁等。

参考文献

［1］杨清德,柯世民,吴雄.电子技术基础技能［M］.北京:电子工业出版社,2015.

［2］吕盛成,倪元兵,邓亚丽.高职考电子电工类专业技能操作［M］.成都:电子科技大学出版社,2015.